东海盆地地质与油气-天然气水合物成藏动力学

许 红 张 莉 李祥全 等 著

科学出版社

北京

内 容 简 介

本书着重介绍了东海盆地约 60 年油气勘探概况、自然地理、地质特征与各责任单位工作，以及地球动力学、盆地动力学、油气-天然气水合物成藏动力学的理论认识。全书共九章，主要内容包括：东海盆地地层沉积与构造演化；动力学研究的西太平洋边缘海-陆架海动力学过程与成因模式，板片下插或俯冲深及流动软流圈深部，岩浆起源深度、压力和温度，流动软流圈高抬升，地幔亏损与岩石圈减薄的特征；花港组勘探目的层系层序格架，大型砂体发育模型、预测模型；大春晓油气田群成藏静态要素和动态要素，成藏模式和成藏动力学模式；全球天然气水合物调查研究进展，在冲绳海槽盆地高热流、强烈火山活动等地质背景下，天然气水合物资源赋存分布规律，液-气-固多态物理化学相，相平衡稳定域计算模型，数值模拟模型、模型求解与模拟；地震资料特殊处理，BSR 反射特征、稳定带厚度预测、有利区带评价与成藏动力学类型。

本书可供海洋、矿产普查和油气地质相关专业研究生、教师和勘探工作者参考。

审图号：GS(2022)1827 号

图书在版编目(CIP)数据

东海盆地地质与油气-天然气水合物成藏动力学 / 许红等著. —北京：科学出版社，2022.4

ISBN 978-7-03-053156-8

Ⅰ. 东… Ⅱ. ①许… Ⅲ. ①东海-含油气盆地-石油天然气地质-研究 ②东海—含油气盆地-油气藏形成-动力学-研究 Ⅳ. ①P618.130.2

中国版本图书馆 CIP 数据核字 (2017) 第 127492 号

责任编辑：王　运　韩　鹏 / 责任校对：杨聪敏
责任印制：吴兆东 / 封面设计：铭轩堂

科学出版社 出版
北京东黄城根北街 16 号
邮政编码：100717
http://www.sciencep.com
北京虎彩文化传播有限公司 印刷
科学出版社发行　各地新华书店经销
*
2022 年 4 月第 一 版　开本：787×1092　1/16
2022 年 4 月第一次印刷　印张：11
字数：260 000
定价：158.00 元
（如有印装质量问题，我社负责调换）

序 一

  东海盆地位于西太平洋 23 个边缘海盆地链中段，发育有典型的沟、弧、盆构造体系，形成东海陆架盆地、冲绳海槽盆地、台西盆地和"三隆二拗"构造格局，被誉为板块构造运动理论研究的天然实验室。这些盆地油气与天然气水合物资源的巨大潜力和地球科学理论研究的珍贵价值，引起了国际地学界和地质科学家的高度关注，并竞相进行调查研究。

  许红研究员从事海洋地质和海洋油气及天然气水合物的调查研究，凡三十余年，承担过多个国家级和部级调查研究项目。为了响应新时代国家领导人对地质工作提出的新的更高要求，为海洋油气及天然气水合物资源的勘查评价提供科技支撑，他与其他多位地质学家把他们多年开展的海洋地质及海洋油气调查研究所取得的科学成果，通过综合研究和成果集成，编纂了《东海盆地地质与油气-天然气水合物成藏动力学》这部专著。在这部专著中，作者在地质、地球物理、地球化学、数值模拟等资料的相互印证和理论与实践的结合上，精心归纳、精心求索，梳理出一些规律性的认识，获得了多项创新性成果。

  专著记录了东海盆地油气勘探的历史。秉持"知史以明鉴、查古以知今"的理念，作者简述了东海盆地油气勘查研究的过程和 40 年前第一口探井取得东海油气勘探突破的信息，记录了 50 多年来我国海洋地质和东海油气勘查及油气田发现的历史事实，反映了我国海洋地质工作者不忘初心、艰苦奋斗的创业精神。

  专著记录了我国天然气水合物资源调查与评价起始阶段研究的历史进程。20 年前，包括作者在内的我国一批海洋地质学家对天然气水合物进行了情报调研，通过对全球 11 个国家海域天然气水合物调查、评价、实验模拟、试采理论和技术方法的对比分析，了解了天然气水合物的特征、研究现状与工作进展。在这个基础上，许红研究员 2005 年把全球天然气水合物资源定量评价划分为三个阶段：1980 年前的"推测性"阶段，1980~1995 年的"底线值"阶段和 1995 年后的"确定性"阶段，这种阶段的划分科学地反映了人们对天然气水合物资源评价由浅入深的认识发展过程。

  专著记录了东海盆地油气资源综合定量评价方法诞生的过程和应用。作者作为我国海域含油气盆地地质特征与成因、油气-天然气水合物地质调查、资源评价与选区资深评价专家，在长期油气资源勘查研究实践中积累了丰富的科学数据、资料、经验和成果，在实施 126 专项所获成果基础上，于 2001 年提出东海三大盆地油气资源定量评价的 10 种方法和 33 种参数，并用其进行了盆地油气资源的定量计算，获得了精细而准确的评价预测结果，并被同行所引用，证明这一评价方法是科学的、适用的，将在今后盆地资源定量评价方面发挥更大的作用。

  专著记录了作者在东海盆地油气勘查研究中取得的诸多新发现和新认识。例如，通过二维地震剖面解释，发现冲绳海槽盆地正在拉裂下沉的中轴和盆地整体向西南部收敛于台湾岛北部、东北部的事实，并指出那里具有显著的高热流高地温梯度、强烈火山喷发和黑潮活动，不利于天然气水合物形成。又如，通过大春晓油气田静态要素和动态要素分析，西湖凹陷花港组河流三角洲相储层模型建立和台西盆地油气地质特征的研究，提出一系列的新认识。这些新发现和新认识，启迪了油气调查工作部署，推动了油气勘探和油气田发现的进程。

专著记录了作者在油气-天然气水合物理论探索方面的丰硕成果。作者通过宏观三维层析成像、双船折射地学断面，盆地二维剖面地质解释和油气探井玄武岩岩心测试分析资料的综合研究，建立了东海地球动力学、盆地动力学和大春晓油气田群油气-天然气水合物成藏动力学三位一体的理论，通过成藏动力学包括多相物理化学相平衡数值模拟和天然气水合物气-液-固三态相状态平衡分析，阐明了成藏动力学特征和机制，建立了中国第一条天然气水合物成藏动态平衡曲线。通过对二维地震资料 BSR 进行系统特殊处理，首次解释评价了相关异常特征和资源潜力。这些理论上的探索和实践上的创新，都对油气和天然气水合物的勘查研究起到推动与理论指导作用。

总之，这本专著内容丰富，资料翔实，深入浅出，有诸多新发现、新认识，并进行了理论上的探索和实践上的创新，将对东海油气和天然气水合物的勘查研究发挥重要作用。热烈祝贺该专著的出版面世，是为序。

中国科学院院士　李廷栋

2021 年 1 月 10 日

序　二

　　东海位于欧亚板块东部，夹持于印度-澳大利亚板块、太平洋板块和菲律宾海板块之间，构成西太平洋边缘海的一环；既是板块深部过程的着力点，也是现今东海典型沟、弧、盆体系与不同动力学类型沉积盆地分布区。50 年前，老一辈海洋地质学家们十分重视东海盆地的资源价值，探索陆架海-边缘海盆地地壳与盆地性质。30 年前，作者探索东海盆地深部地壳转换作用带不断扩张的边缘海-陆架海盆地的特征，研究三大盆地油气-天然气水合物成藏动力学的理论。

　　国外学者利用天然地震层析成像技术研究日本海-东海-南海，发现一系列板片俯冲和下插的软流圈上隆、地幔转换带特征影像，提供了流动软流圈深部动力学的证据。理论上，盆地流动软流圈和地幔热异常导致/遭遇的板块碰撞阻挡及影响，或产生岩石圈俯冲带后退（或海沟后退）导致弧后扩张，或俯冲带后侧产生深部热异常并强化弧后裂陷的作用，进而形成西太平洋边缘海盆地中段东海边缘海和陆架海盆地。但长期以来，即便是顶级边缘海盆的研究者也难以确定东海边缘海-陆架海盆地形成的主导作用是来自太平洋板块的俯冲，还是决定于菲律宾海-印澳板块的碰撞，或是与流动软流圈深部过程有关；抑或是兼而有之；但分地质时代研究盆地的地质特征是不争的事实。

　　东海面积 77 万 km^2，排南海之后，居中国海域第二；东海陆架盆地面积排第一，东海盆地地质特征研究始终具有全球性重要意义。

　　东海盆地动力学环境和过程是太平洋板块俯冲与拼贴的结果，形成典型的沟、弧、盆体系，表明海沟后退，岛弧、弧后盆地迁移逐渐远离大陆；从西向东沉积盆地依次形成；西部的陆架盆地沉积形成于中、新生代，属于被动拉张沉积作用产物；东部的冲绳海槽盆地，沉积形成于新近纪板块俯冲裂陷作用，拉裂并正在进行，澳大利亚-菲律宾海板块对台湾岛陆陆碰撞，持续的作用推动台湾地块以 70~80mm/a 的速度接近欧亚大陆，造成台西盆地的弧后-裂陷盆地性质。

　　时至今日，通过玄武岩讨论地幔的演化行为已经发展成为一种通用方法；但通过玄武岩解读东海地幔微量元素和同位素地球化学的特征，同时结合西太平洋边缘海-陆架海盆地特征阐述动力学过程，是盆地动力学环境、过程与结果研究的重要基础，利于解释东海中、新生代盆地成因机制和演化的行为，属于东海盆地板块地幔演化行为、动力学机制和地球-盆地尺度动力学深层次研究的领域。

　　大春晓油气田是东海的长期勘探热点和理论前沿。作者的探讨涉及大地热流、地温梯度、疏导体系内部压力等，涉及温压场-有机成熟史，油气形成演化生排运聚保等；特别涉及深洼烃类短源径向运移冲注及其数值模拟重现，构成成藏动力学过程、特征和机制研究关键动态要素；同时，涉及成藏动力学静态要素、含构造（鞍部）位置、沉积地层（时代）与烃源岩、圈闭特征、储层体系与拉张反转断裂体系和盖层体系等内容；

是勘探发现与理论结合成果，具有重要价值。

闻道有先后，术业有专攻。20多年前，我从北京出发，与作者来到上海海洋石油地质局赵金海总工程师工作室，那种解释863双船折射大剖面，先睹东海经典板块沟、弧、盆体系深部信息之快记忆犹新；我指导作者建立并发表了它的模式，也是第一次对东海盆地动力学过程认识的理论升华。因此，进一步聚焦动力学理论的研究，全面理解阐明东海动力学过程和结果的特征、油气成藏的规律，对于弥补我们在板块构造与全球构造理论体系研究中的缺席，具有重要意义。

不忘初心，方得始终。赞赏作者数十年潜心一线执着于中国海洋油气与天然气水合物资源的研究，履责尽职立志高远。这对于深刻认识系统动力学理论与东海盆地地质特征，推进油气勘探取得新发现、新认识，都具有重要价值。

中国地质大学（北京）教授 李思田

2020 年 5 月 8 日

前　言

　　东海大陆架水深小于 200m，延伸极宽，孕育东海陆架盆地，它是中国海域单体面积最大的中新生代含油气盆地；东海大陆坡止于钓鱼岛以东海域，发育冲绳海槽盆地；陆架-海槽两大盆地即东海边缘海盆地，两大盆地向西南交汇收敛后合二为一，再向南，形成台西盆地。三大盆地构造带东凸的部分形成琉球岛弧构造带，再向东，最前端的琉球海沟深入太平洋；由东向西依次形成东海沟、弧、盆体系。公认这个区域的台湾岛正在西移，被澳大利亚-菲律宾海板块推动沿北西方向，以每年 2cm 的速度向中国大陆拼贴。

　　东海连接苏浙闽沪，是中国这几个经济最发达省市的母亲海，能源需求量巨大。东海陆架盆地油气勘探逾 60 年。50 年前，东海第一口工业油气流探井实现突破，位于西湖凹陷平湖构造，是前辈开拓进取获得的了不起的成果；35 年前，春晓大油气田群开始了它的发现进程，它夹持于东海陆架盆地浙东拗陷带西湖-基隆两凹陷间的鞍部地区，整体具有大油气田规模，命名为苏堤构造带。20 年前，实施了东海陆坡天然气水合物资源调查评价，属于重任在肩无畏探索务实的工作，理论、实际都终于有所成效。迄今，东海发现 10 个油气田，以杭州西湖的美丽景点分别命名为春晓、天外天、残雪、断桥、宝云亭、武云亭、平湖、孔雀亭、玉泉、丽水；发现 5 个含油气构造，包括龙井二、龙井四、孤山、灵峰、宝石；发现 1 个二氧化碳气田——石门潭。

　　20 世纪 90 年代，东海基础地质和油气地质研究与国家同框，理论体系滞后，困惑于投入与资料。但是，几代人不懈努力直面油气资源评价和实际发现资源量之差，祈望补足东部能源需求与勘探发现之间的矛盾，却投入不足如无米之炊，难以撼动顶尖动力学理论及其探索，涉及这两个矛盾的内核，是包括苏堤构造带大春晓油气田成因-成藏特征，油气成藏动力学和盆地深部动力学井震联合的解释与追求，跨三个五年计划，牵涉经典板块构造的沟、弧、盆体系，亦即本书地球系统动力学、盆地系统动力学和油气成藏系统动力学的理论，或就是东海盆地与资源勘探理论与实践的特色。

　　天然气水合物被誉为 21 世纪清洁高效化石能源资源，在全球多国多海域采集到大量实物；实验室测定 $1m^3$ 天然气水合物含甲烷资源量等于 $160\sim180m^3$ 甲烷气，由此估算全球天然气水合物含碳量为全球化石燃料（石油、天然气和煤）总含碳量的两倍。因此，天然气水合物被誉为高替代性战略能源资源。但是，形成固体天然气水合物资源矿藏，除了需要与油气资源形成同样的地质条件，最大的区别是，它还必须满足稳定带物理化学平衡态条件。也就是说，天然气水合物只能形成于高压低温地质环境的深海，中国满足这个形成赋存水深条件的海域显然只有南海和东海，而东海只有在大陆坡海域的冲绳海槽盆地才具有这样的成因条件；但冲绳海槽盆地的高热流、高地温、强烈的火山喷发加黑潮活动与此相悖。因此，天然气水合物成藏理论盲点在成藏动力学，也是本书特色。本书在各国调查研究现状基础上，介绍了相关探索系统认识，包括所建立的我国海域第一条天然气水合物物理化学相态平衡曲线，冲绳海槽盆地天然气水合物 BSR 及其成藏成矿的特征。

最新探索针对古近系花港组勘探目的层系，井震联合解释低辫状河水道、高辫状河水道与网状河道等大型砂体时空展布；建立花港组层序格架，大型砂体发育模型，花港组沉积充填演化模式，花港组砂体预测模型，以配合推进勘探进程。

全书分9章，第1章东海自然地理、含油气盆地特征与油气勘探概况，作者马慧福、蒲庆楠、郑军、梁若冰、许红；第2章东海盆地地层沉积与构造演化特征，作者许红、张莉、马慧福、蒲庆楠、郑军、梁若冰、雷振宇、骆帅兵、李锐、钱星、帅庆伟，王笑雪；第3章东海盆地形成动力学，作者许红、孙和清、曹飞、魏凯、赵新伟、朱玉瑞、张威威、陶萌、纳琴、季兆鹏；第4章东海盆地玄武岩动力学地质与深部过程，作者许红、孙和清、曹飞；第5章东海陆架盆地构造框架与花港组含油气性，作者陆永潮、李祥全、许红、马义权、寋慧、王超、全夏韵、朱先凯；第6章大春晓油气田群油气地质静态要素，作者许红、张威威、季兆鹏、王晴、董刚、苏大鹏、雷宝华、杨艳秋、马骁；第7章大春晓油气田成藏条件及过程，作者许红、张威威、陶萌、纳琴、王晴、董刚、马骁、付和平；第8章大春晓油气田成藏动力学机制与模式，作者许红、张威威、陶萌、纳琴、王晴、董刚、沈江远、马骁、付和平、马亚增、陈舒；第9章冲绳海槽盆地天然气水合物成藏动力学，作者许红、吕万军、蔡瑛、孙和清、闫桂京、董刚、魏凯、李辉、卢学、苏大鹏、马骁、付和平、马亚增、陈舒、吴汉儒。全书插图和插表，清绘工作由学生们完成。

目　　录

序一

序二

前言

第1章　东海自然地理、含油气盆地特征与油气勘探概况 ·········· 1

　　1.1　自然地理概况 ·········· 1

　　　　1.1.1　东海地理位置 ·········· 1

　　　　1.1.2　东海与西太平洋边缘海 ·········· 2

　　　　1.1.3　东海海底地形地貌 ·········· 2

　　　　1.1.4　东海海况与潮流 ·········· 3

　　　　1.1.5　东海基底的性质 ·········· 4

　　1.2　东海盆地油气勘探概况 ·········· 4

　　　　1.2.1　东海沉积盆地油气勘探概况 ·········· 4

　　　　1.2.2　东海陆架盆地油气勘探发现概况 ·········· 5

　　　　1.2.3　台西盆地油气勘探概况 ·········· 8

　　　　1.2.4　台西盆地油气勘探发现开发现状 ·········· 8

　　　　1.2.5　东海南部-台西地区油气勘探开发战略 ·········· 9

　　　　1.2.6　油气资源评价基本概念与定量评价方法 ·········· 10

第2章　东海盆地地层沉积与构造演化特征 ·········· 15

　　2.1　东海陆架盆地沉积地层特征 ·········· 15

　　　　2.1.1　新生代沉积地层与层序特征 ·········· 15

　　　　2.1.2　新生代地层沉积与含油气性特征 ·········· 17

　　2.2　冲绳海槽盆地地层沉积沉降特征 ·········· 30

　　　　2.2.1　冲绳海槽盆地海底地形地貌 ·········· 30

　　　　2.2.2　冲绳海槽盆地地层沉积 ·········· 31

　　　　2.2.3　冲绳海槽盆地构造区划与形成演化 ·········· 32

　　2.3　台西盆地地质与烃源岩特征 ·········· 33

　　　　2.3.1　台西盆地构造区划 ·········· 33

　　　　2.3.2　台西盆地岩石地层特征 ·········· 33

　　　　2.3.3　台西盆地烃源岩特征 ·········· 36

第3章　东海盆地形成动力学 ·········· 41

　　3.1　东海周缘构造环境与形成演化 ·········· 41

     3.1.1 东海周缘构造环境 ……………………………………… 41

     3.1.2 东海沉积盆地的形成 …………………………………… 42

   3.2 东海沉积盆地的构造演化 ………………………………………… 43

     3.2.1 晚三叠世—早白垩世构造演化 ………………………… 43

     3.2.2 晚白垩世—早始新世构造演化 ………………………… 44

     3.2.3 中始新世—早中新世构造演化 ………………………… 45

     3.2.4 中中新世—现今构造演化 ……………………………… 45

   3.3 西太平洋边缘海-陆架海盆地动力学 …………………………… 45

     3.3.1 西太平洋边缘海-陆架海盆地深部动力学 …………… 45

     3.3.2 西太平洋边缘海-陆架海天然层析成像地震剖面俯冲板片信息 … 46

     3.3.3 鄂霍次克海深部动力学剖面 …………………………… 48

     3.3.4 东海陆架盆地深部动力学剖面 ………………………… 50

   3.4 东海盆地动力学过程与结果 ……………………………………… 53

     3.4.1 东海陆架盆地中央构造带后期构造反转 ……………… 53

     3.4.2 东海陆架盆地动力学成因模式 ………………………… 53

第4章 东海盆地玄武岩动力学地质与深部过程 …………………………… 56

   4.1 东海盆地玄武岩岩石学与盆地动力学 ………………………… 56

     4.1.1 东海陆架盆地钻井火成岩系列与岩石类型 ………… 56

     4.1.2 东海陆架盆地油气钻井玄武岩盆地动力学信息 …… 61

   4.2 岩浆的起源深度与岩浆温度 ……………………………………… 62

   4.3 岩浆源区地幔性质与深部过程 …………………………………… 63

   4.4 深部地幔流体性质和演变的同位素体系证据 ………………… 64

     4.4.1 Sm-Nd 同位素体系 ……………………………………… 64

     4.4.2 Pb-Pb 同位素体系 ……………………………………… 65

   4.5 东海盆地形成动力学研究的主要认识 ………………………… 65

     4.5.1 东海盆地形成动力与主导作用 ……………………… 65

     4.5.2 玄武岩岩浆起源深度、压力和温度 ………………… 65

     4.5.3 东海陆架盆地东部演化更具代表性形成混合型地幔 … 66

第5章 东海陆架盆地构造框架与花港组含油气性 ………………………… 67

   5.1 东海海域及盆地区域大地构造单元 …………………………… 67

     5.1.1 东海海域大地构造单元 ……………………………… 67

     5.1.2 东海沉积盆地及其构造单元 ………………………… 67

     5.1.3 东海陆架盆地及其构造单元 ………………………… 67

     5.1.4 东海陆架盆地两大油气发现凹陷 …………………… 69

   5.2 东海西湖凹陷花港组层序地层及大型砂体发育模型 ……… 69

     5.2.1 等时层序界面识别及对比 …………………………… 70

     5.2.2 层序地层划分及对比 ………………………………… 72

5.3　东海西湖凹陷花港组大型砂体展布及沉积特征 ······························75

　　5.3.1　低辫状（河）水道 ··79

　　5.3.2　高辫状（河）水道 ··80

　　5.3.3　（似）网结（河）水道 ··81

5.4　浅水湖泊三角洲（水下）分流水道 ···································84

第6章　大春晓油气田群油气地质静态要素 ································86

6.1　勘探概况与研究现状 ···86

6.2　生烃源岩 ··88

　　6.2.1　地层与岩性 ··88

　　6.2.2　沉积相 ··89

　　6.2.3　生烃指标 ··90

6.3　储盖层系 ··90

　　6.3.1　储集层系 ··90

　　6.3.2　盖层 ··92

6.4　圈闭及保存特征 ···93

　　6.4.1　断裂系统 ··93

　　6.4.2　构造形成时期 ··94

　　6.4.3　圈闭描述 ··94

第7章　大春晓油气田成藏条件及过程 ····································96

7.1　古地温场生烃温度窗及有机物成熟史 ································96

　　7.1.1　盆地古地温场特征 ··96

　　7.1.2　岩浆火山活动与油气成藏 ····································99

　　7.1.3　大春晓地区古地温场数值模拟分析 ···························100

　　7.1.4　春晓-天外天油气田钻井温压场特征 ·························101

　　7.1.5　大春晓地区生烃层系演化转化 ·······························102

7.2　大春晓油气田群地区压力场 ·······································102

　　7.2.1　大春晓地区具有超强压与正常压力上下分区特征 ···············102

　　7.2.2　大春晓地区具有北、东、西三面高和南面低的水流体系汇聚带特征 ·····104

　　7.2.3　超压主要由沉积作用、成岩作用和烃类生成共同作用产生 ·········106

　　7.2.4　油气主要分布于压力封闭层及其上下 ·························107

7.3　油气运移分析 ··107

　　7.3.1　油气运移至鞍部地区集中分布，形成名副其实大春晓油气田 ·······107

　　7.3.2　运移输导系统为一系列拉张性质的重要断层 ···················108

　　7.3.3　油气运移与构造运动 ··109

第8章　大春晓油气田成藏动力学机制与模式 ·····························110

8.1　大春晓油气田含油气系统成烃-成藏动力学系统机制与过程 ···········110

　　8.1.1　不同压力系统张性断层输导体系运移成藏动力学机制与过程 ········110

　　8.1.2　压性逆断层下降盘封闭形成一批高产能油气藏动力学机制 ·············· 111
　8.2　大春晓油气田含油气系统成烃-成藏动力学系统机制与过程 ·········· 111
　8.3　大春晓油气田成藏动力学模式 ····················· 113
第9章　冲绳海槽盆地天然气水合物成藏动力学 ············· 117
　9.1　基本概念与认识 ···························· 117
　9.2　国内外天然气水合物研究概况 ····················· 118
　　9.2.1　天然气水合物主要研究领域 ···················· 118
　　9.2.2　天然气水合物分布、产出及其成因状态特征研究的认识 ········· 119
　　9.2.3　各国主要工作进展 ······················ 122
　9.3　东海天然气水合物形成基本条件 ···················· 128
　9.4　东海天然气水合物形成与物理化学相平衡稳定域动力学 ········· 133
　　9.4.1　混合体系水合物形成的温压条件 ················· 133
　　9.4.2　天然气水合物的组成与结构 ··················· 134
　　9.4.3　天然气水合物相平衡的数值模型 ················· 135
　　9.4.4　模型求解的数值方法 ······················ 139
　　9.4.5　程序设计的验证 ························ 140
　9.5　海底混合体系水合物稳定域 ····················· 141
　　9.5.1　天然气水合物的稳定域计算模型 ················· 142
　　9.5.2　东海天然气水合物稳定带厚度预测 ················ 143
　9.6　冲绳海槽 BSR 地震反射和成藏类型特征 ················ 145
　9.7　冲绳海槽天然气水合物成藏类型 ··················· 148
　　9.7.1　地震常规处理剖面与 BSR 解释反射类型 ·············· 148
　　9.7.2　地震特殊处理剖面与天然气水合物解释异常 ············· 149
　　9.7.3　资源定量评估方法及参数选择与成果 ··············· 149
　9.8　天然气水合物有利区带评价 ····················· 149
　9.9　研究区天然气水合物聚集的地质条件评估 ··············· 150
　9.10　几点结论 ····························· 150
　9.11　东海天然气水合物地球物理解释剖面 ················ 151
参考文献 ······························· 153
后记 ································· 162

第1章 东海自然地理、含油气盆地特征
与油气勘探概况

1.1 自然地理概况

1.1.1 东海地理位置

东海是我国四大海域之一（图 1-1），面积约 77 万 km^2，位于我国长江口启东角至韩国济州岛连线以南，西北与黄海为邻，东北系朝鲜海峡；东界为琉球群岛；南界为广东南澳岛至台湾鹅銮鼻连线以北，西南为台湾岛及台湾海峡；西接中国大陆浙闽隆起区。"三隆两盆"自西往东呈北东向展布，分别为浙闽隆起区、东海陆架盆地（含台西盆地）、钓鱼岛隆褶带、冲绳海槽盆地和琉球隆褶带，东海发育边缘海、陆架海。

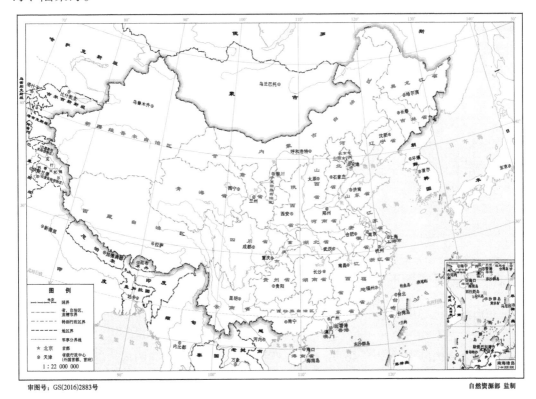

审图号：GS(2016)2883号 　　　　　　　　　　　　　　　　　　　　　　自然资源部 监制

图 1-1　中国地图（可见东海位置）

1.1.2　东海与西太平洋边缘海

东海位于西太平洋边缘海中段,区域内发育总计 23 个边缘海及海盆(图 1-2)。有关它们形成的过程、结果与机制的研究具有全球性意义。前人研究多涉及西太平洋边缘海地质环境与动力学背景,主要针对板块俯冲、地壳结构、深部特征与沉积盆地的成因与机制的内容;本节研究东海及其陆架海盆地与边缘海盆地的地质构造、资源环境特征,着眼于"沟-弧-盆"体系的岩石学、深部动力学证据。

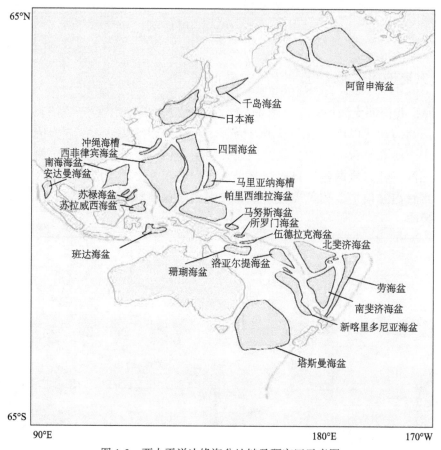

图 1-2　西太平洋边缘海盆地链及研究区示意图

本图根据 Tamaki 和 Honza(1991)修改

1.1.3　东海海底地形地貌

东海海底地形由西至东分为大陆架、大陆坡(冲绳海槽西坡)、冲绳海槽和琉球西侧岛架四个基本构造单元(图 1-3),平均水深 370m。

(1)东海大陆架面积约 46 万 km^2,是我国大陆向海洋方向的自然延伸倾没部分,平均水深 72m,陆架边缘水深变化在 150m 左右,陆架地形坡度为 0°1′17″,是世界上最宽广的大陆架之一。

(2)东海大陆坡位于大陆架和冲绳海槽之间,长约 1200km。陆坡南宽北窄,最宽处超过 80km，最窄处为 11.6km，平均宽度约 46km。陆坡北段坡度较缓，南段较陡，平均坡度为 2°～4°。陆坡水深变化在 150～500m。陆坡海底侵蚀强烈，地貌崎岖不平。

（3）东海冲绳海槽呈一向东南方向突出的舟状，南北长约 1000km，东西宽 70～200m，面积为 14.8 万 km²。海槽水深南深北浅，南部水深变化在 1000～2000m，最深超过 2500m，北段水深变化在 600m 左右，最浅小于 500m。槽底地形平坦，坡度小于 1°，但分布有少量的海底山及海丘。

（4）琉球岛架是东海露出海面的琉球群岛、九州岛及各岛屿在水下的部分，面积约 10 万 km²，其地形复杂，沙滩、岩滩密布，水下峡谷发育，各岛架之间并不连续。岛架宽度不大，最宽处不足 100km，最窄处近 4km。

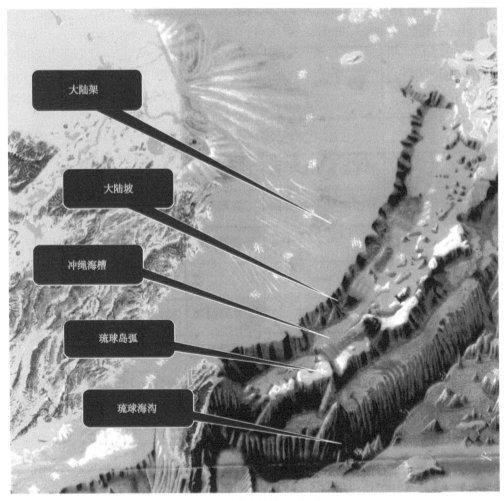

大陆架

大陆坡

冲绳海槽

琉球岛弧

琉球海沟

图 1-3　东海海底地貌图

1.1.4　东海海况与潮流

东海隶属于中国海域半日潮海域。主要海况特点是春季 4～6 月为气候平缓时期，夏季 7～9 月常受台风影响，冬季由于冷空气不定期的侵袭，气候条件同样比较恶劣。

东海海区潮流为不规则半日周期旋转流，旋转方向为顺时针，表层落潮最大流速为0.92kn，流向为22°，涨潮流速一般为0.5～1.5kn，最大流速为2kn，流向为2°；中层落潮最大流速为0.92kn，流向为16°，涨潮最大流速为0.85kn，流向为210°；底层落潮最大流速为0.92kn，流向为48°，涨潮最大流速为0.62kn，流向为12°。中、底层流向以北东向为主，可能是受黑潮影响引起。

1.1.5　东海基底的性质

东海西区（陆架盆地区）布格重力异常场呈北北东向，形成10mGal①场值区。该场值区西南部出现-10mGal 场值；西部零星出现小于 0mGal 场值；其外，西北部局部见10～20mGal 场值分布，西南部出现 20mGal 场值；略向东，平行于西区 10mGal 场值圈闭区，沿北东向出现 10～20mGal 狭窄非场值圈闭区。至冲绳海槽，场值大于 20mGal并形成场值圈闭，沿海槽形成 40～80mGal 场值圈闭区。这种低负异常值表明了陆架区地壳结构的陆壳性质，地壳厚度一般在 30km 左右。场值高、变化平缓是深海洋壳结构地区的布格重力异常特征，一般都在 300mGal 以上。冲绳海槽地区场值小于 80mGal，属于过渡性地壳性质。

在磁力异常图上，东海陆架磁场区表现为东西有别，其中，陆架西缘为剧变磁异常区，总体呈北北东向，是中生代火山岩的反映，济州岛西为新生代玄武岩的反映，基底反映为华南块体的延伸。

陆架磁场区还表现为南北有异，北部为负磁场背景上具环形分布的椭圆形宽缓异常，南部与陆架西缘间被一条高磁高重力线性异常带分开，自西向东由宽缓负异常过渡到正异常，反映陆架盆地区基底与陆架西缘有别；南北之间除基底差异外，还受到台湾地块向北推移及菲律宾海板块俯冲的改造作用。

1.2　东海盆地油气勘探概况

东海发育三大盆地，分别为东海陆架盆地、冲绳海槽盆地和台西盆地。东海陆架盆地是一个中、新生代叠置的大型复合含油气沉积盆地，勘探证实油气资源赋存分布于新生代沉积盆地内；冲绳海槽盆地目前尚无油气钻井，西南部有 1 口 ODP195航次 KS-1 井（许红等，2013），目前认识较为肤浅；台西盆地面积小，但非研究重点。

1.2.1　东海沉积盆地油气勘探概况

东海丰富的油气资源前景早就引起国内外地质学家的极大兴趣，以及国外石油公司的密切关注。20 世纪 60 年代末，东海陆架盆地开始了较为系统的油气调查工作。

---

① 1mGal=10^{-3}cm/s^2。

1968～1971 年，美国、日本等国曾对东海进行过宽间距的综合地球物理调查（地震、重力、磁力）、地热流测量及海底沉积物取样等工作，并打了少量探井。

1970～1975 年，美国的海湾、大洋、克林顿及德克斯菲四家公司，以合作或租赁形式，在东海陆架盆地做过近 30000km 的二维数字地震剖面，并钻了 5 口井（Fukui-1X，YCC-1X，Laohu-1X，YFA-1，YDA-1X），未获重要发现。

20 世纪 60 年代末和 70 年代初，中国台湾有关公司在台湾海峡的东部开展了地球物理调查和钻探工作，发现了鹿港近海的振安、澎湖附近的振威和台西等含油气构造。

1982～1983 年，中国台湾"中油"股份有限公司在武夷低凸起及其南端施工了 5 口钻井，钻遇了晚白垩世至渐新世的沉积，没有重要发现。

1978～1984 年，日本、韩国和美国在东海盆地东北部及其周围海域做了大量的地球物理调查工作，并先后钻井 10 口，不少钻井见到良好油气显示，但无商业价值。

东海大规模的油气钻探始于 1974 年，到"六五"末（1985 年），主要进行了东海宽间距综合地球物理调查及局部范围面积普查和少量钻井。通过该阶段勘查，确认东海存在两个地质时代不同、基底不同、结构不同、形成机制和演化史各异的沉积盆地，分别属于大陆架海域的东海陆架盆地和陆架前缘的冲绳海槽盆地。其中，东海陆架盆地新生代沉积巨厚，是东海油气勘探发现开发的主要场所。

"七五"（1986 年）以来，我国主要是对东海陆架盆地重点拗（凹）陷开展深入的油气勘查工作。勘查单位主要包括中国石化上海油气分公司、中国海洋石油东海公司。中国地质调查局青岛海洋地质研究所、广州海洋地质调查局（主要工作针对台西盆地）也先后开展了地球物理调查工作。

中国石化上海油气分公司的油气勘探累计完成主要工作量（截至 2000 年年底）如下：重力调查近 60000km，磁力调查约 120000km；二维地震勘探约 130000km；三维地震勘探 3264 km^2；探井 35 口；化探 1286 个点。浙东拗陷大部分地区完成了（4km×8km）～（8km×16km）测网的地震概查工作。其中，在长江凹陷概查的基础上，局部地区完成了 2km×2km 测网的地震面积普查工作，钻井 1 口；在西湖凹陷大部分地区完成了 2km×2km 测网的面积普查，部分重点地区完成了 1km×1km 测网的地震详查，累计完成了面积为 3264km^2 的三维地震勘查工作，钻井 31 口。

在台北拗陷大部分地区同样完成了 4km×8km～8km×16km 测网的地震概查工作。其中，在瓯江凹陷大部分地区完成了 2km×2km 测网的面积普查，钻井 3 口。

1.2.2 东海陆架盆地油气勘探发现概况

主要油气发现成果包括：钻井超过 50 口，近 30 口获工业性油气流，钻井成功率超过 70%。其中，在东海陆架盆地浙东拗陷西湖凹陷钻井约 40 口，有 20 多口获工业性油气流，钻井成功率 70%。发现了春晓、天外天、宝云亭、武云亭、平湖、孔雀亭、残雪、断桥、玉泉 9 个油气田和龙二、龙四、孤山 3 个含油气构造；在东海陆架盆地台北拗陷瓯江凹陷钻井 3 口，发现 1 个二氧化碳气田（石门潭）和一个含油气构造（灵峰）。

值得指出的是，上述油气勘探早期发现者是上海海洋地质调查局。

1. 中国海洋石油东海公司对东海的油气勘探

自 1981 年进入东海开展油气勘查工作以来，中国海洋石油东海公司对东海的油气勘探大致分两个阶段。至 1992 年，以自营为主，累计完成二维地震勘查约 75000km，重磁调查约 20000km，钻井 2 口（东海一井，温州 6-1-1 井）；1992～1997 年，以对外合作为主，进行了东海陆架盆地长江、瓯江（丽水凹陷）等凹陷油气勘探第四轮招标，先后与超准等 16 家外国石油公司合作，共完成二维地震勘探工作量 40000km，钻井 15 口及自营井 1 口。在第 14 口合作井中发现少量油气显示；在位于 32/32 区块的第 15 口合作井——丽水 36-1-1 井中，获得了商业性发现，经钻杆测试，折算日产凝析油 18.67m^3、天然气 27.96 万 m^3。1998 年以来，中国海洋石油总公司加强了自营项目，又在台北拗陷完成了二维地震 4000km，三维地震 200km^2，钻井 1 口，在浙东拗陷海礁凸起、西湖凹陷各钻井 1 口，目前相关钻井已经取得突破性认识及新的发现。

2. 中国地质调查局青岛海洋地质研究所对东海的油气勘探

"九五"以前，青岛海洋地质研究所主要承担全海域包括东海油气勘探综合研究与评价，为春晓油气田的发现做出实际贡献；"九五"以后，该所开始承担实物工作量进行战略性、先导性和公益性油气勘探；主要涉及大量二维地震资料的采集和解释、成图及分析评价；目前工作重点集中于东海陆架盆地南部二维地震资料采集、解释，并以深层前新生代油气地质特征及评价研究工作为主。

3. 中国地质调查局广州海洋地质调查局对东海的油气勘探

广州海洋地质调查局主要是在东海陆架盆地台西盆地海峡中间线以西地区及中西部开展地球物理调查研究工作。该局曾于 1981 年、1985 年和 1987 年在台西拗陷西部进行了地球物理概查，发现了沉积厚度达 7000～8000m 的晋江凹陷和龙江凹陷；1989～1990 年对台西拗陷中西部开展了地球物理普查及详查工作，进一步查清了台西拗陷次一级构造单元，通过有机碳法计算出台西拗陷（盆地）的油气资源量约为12 亿 t 油当量。

综上所述，20 世纪最后几年，东海西湖凹陷增加了数千平方千米高精度三维地震勘查资料、21 口油气探井（其中，上海海洋石油局 19 口，东海石油公司 2 口）资料和新发现春晓、武云亭、孔雀亭等油气田，以及东海台北拗陷通过第四轮招标，外国石油公司采集的地震、钻井和在瓯江凹陷获得油气发现等资料。

21 世纪以来，在东海盆地尤其是在冲绳海槽盆地黄尾屿、钓鱼岛附近及其周围海域完成地震资料补充调查，包括表层取样、柱状取样、浅剖与侧扫、单道地震、重力与磁力测量和多道地震调查等；并在地质构造特征（图 1-4）研究等领域获得新的认识。

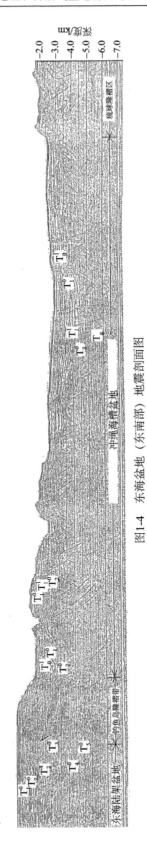

图1-4 东海盆地(东南部)地震剖面图

1.2.3　台西盆地油气勘探概况

台西盆地油气地质调查研究和勘探开发的工作始于 30 年前, 台湾 "中油" 股份有限公司曾经在台西盆地东部包括新竹凹陷(包括陆地和近海)及台中凹陷进行过地震调查和油气钻探, 在 20 世纪 80 年代中期先后发表相关研究成果; 上海海洋地质调查局对台西盆地的研究始于 "六五" 期间。

1995 年, 东海陆架盆地四轮油气对外招标钻井发现了侏罗系含煤层系, 因此, 可推测台西盆地 Tg 构造层以下具有侏罗系发育和分布, 已在九龙江凹陷 Tg 构造层之下解释出层状反射地震波组, 但其地质属性尚有待钻井证实。值得注意的是, 台西盆地西部拗陷带断陷期地震地层横向对比性差, 南部的九龙江凹陷与北部的晋江凹陷地震剖面并未实现相互追踪, 二者在地层时代解释上存在较大分歧。其中, 九龙江凹陷地震层序表现为平行反射结构, 沉积不受断层控制, 顶部剥蚀作用十分强烈; 晋江凹陷为发散反射结构, 厚度变化较大, 沉积受断层控制。

1.2.4　台西盆地油气勘探发现开发现状

早在 19 世纪 80 年代, 台湾已经开始油气钻井和采油, 1887 年清政府在台湾正式设立油矿局勘探苗栗县出磺坑的油气; 日本侵占台湾期间, 共钻井 251 口, 发现 7 个油气田, 掠夺原油 17 万 t, 天然气 10 亿 m^3; 1945 年至 1985 年, 在台湾西部外海发现长康气田, 台湾 "中油" 股份有限公司在台湾岛陆域-台西盆地的新竹凹陷和台中凹陷等地共计发现了中小型油气田 20 余个, 钻井 600 余口, 在海域发现了长康油气田和台西油气田。台湾油气田油气产层以新近系中新统为主, 绝大多数属于复杂断块控制的油气藏, 值得注意的是, 地震剖面解释台西盆地中新统与上白垩统不整合面油气产层, 属于前中新统变质风化砂岩。

台西盆地西侧的油气地质调查研究工作始于 "六五" 期间, 1981 年、1985 年和 1987 年先后完成了 3 次涉及台西盆地的二维地震路线调查, 完成测线 1530km; 1989 年完成地震测线 30 次, 覆盖测网密度为 4km×8km, 局部为 2km×4km, 1990 年详查地震加密测线到 1km×2km, 完成测线 6211km, 总计完成地震工作量达 7741km; 1989 年, 海洋出版社首次出版了有关研究专著; 1990 年以后, 发表了一批初步研究成果报告。

台西盆地东侧发现的油气田绝大多数是生产面积不足 2km^2 的小气田, 最大的通宵-铁砧山气田产气面积为 39km^2。至 20 世纪 90 年代初探明的天然气储量约为 200 亿 m^3, 原油储量 100 万 t。有天然气生产井 80 余口, 年度限产天然气 8 亿 m^3, 凝析油 4.6 万 t; 估算台湾陆区原油蕴藏量为 200 万～310 万 t, 天然气为 300 亿～415 亿 m^3。

周次雄于 1991 年对台湾岛北部已发现的油气地球化学特征进行研究, 确定了油气来源和运移的路径。20 世纪 90 年代, 台湾 "中油" 股份有限公司利用国际通用油气勘探绩效评估方法, 对其几十年来的油气勘探开发绩效进行了全面研究和对比评估, 最后得出台湾陆上油气勘探开发不具有实际经济效益的结论, 随后其调整了勘探开发战略。

"七五"期间，我国相关单位对台西盆地西部拗陷带开展了海上地球物理调查；"八五"期间，我国对台西盆地进行了早期油气资源评价。台西盆地凹陷面积小，迄今仍是我国海域油气勘探工作程度最低的含油气盆地之一；且资料掌握程度和研究程度也相对较低；对盆地的基本地质构造和石油地质、油气地球化学参数掌握不多，导致研究结论差别较大，最终获得的认识包括资源潜力等可能与实际相差数倍；以盆地新生代沉积厚度为例，采取的最大厚度可达 8000～10000m（新竹凹陷），或 4000～5000m（彭西凹陷-九龙江凹陷），或 1000～8000m（南日凹陷-晋江凹陷）；在大多数情况下，对这些沉积物性质和时代归属的研究具有不确定性，加上盆地界线与凹陷面积等问题，因此，新的油气资源调查研究显然非常必要。建议加大投入，至今海峡西侧仍为钻井空白，应当予以改变。

据不完全统计，新竹凹陷和台中凹陷油气田包括如下。

1. 台西盆地东侧新竹凹陷油气勘探发现

早期在台湾地区的发现包括一个油田与多个气田：山子脚油田和青草湖气田、宝山气田、竹东气田、畸顶气田、白沙屯气田、锦水-永和山气田、北寮气田、通宵-铁砧山气田、出磺坑-新隆油气田、振安含气构造等。后期曾在新竹外海钻探小有成果，发现了海上长康油气田（CBK）和长安（CBA）、长隆（CBL）、长胜（CBS）、长德（CND）等含油气构造。

2. 台西盆地东侧台中凹陷油气勘探发现

台西盆地东侧台中凹陷油气勘探发现了四个油田、一个油气田与多个气田：TX-1 气田、CDA-1 气田、PC-1 气田、WH-1 气田、HB-1 气田、GTL-2 气田、CL-1 气田、八掌溪气田、冻子脚气田、六重溪气田、牛山气田和 CTC-1 油田、WA-1 油田、竹头畸油田，以及海上的台西油气田。

1.2.5　东海南部-台西地区油气勘探开发战略

东海南部-台西地区可以以深部为突破方向。早前石门潭一井发现 3041m 以浅为灰黑色海相沉积，以下为红色碎屑岩系。在 2922m 发现赛内加藻（*Senegalinium*，该藻是丹麦划分古新统与上白垩统最重要标志），在 2948m 发现浮游有孔虫（*Subbotina triloculinoides*，三宝苏氏虫属，$P_1 \sim P_7$ 带化石）（杨兆宇，1992）；在灵峰一井发现灵峰组一、二段浅水（20～50m）沉积及过渡性灵峰组三段深水（150m）沉积，形成一套砂砾岩和灰黑色泥岩互层沉积，上部以深灰色泥岩为主夹泥质粉砂岩海相沉积剖面，被命名为"灵峰海"。

在台西盆地，通过东部油气钻井和西部地震剖面解释，发现古新统—上白垩统沉积环境与东海陆架盆地几乎相当，被认为是残留特提斯重要通道之一（蔡乾忠，1996），因此，深部地层沉积及油气地质特征研究具有重要价值。但台西盆地独特的地质构造和含油气特征，导致相关工作存在较大困难，特别是台西盆地西部整体凹陷面积小，勘探投入和工作与认识程度还相对较低，属于油气钻探空白区；尽管海峡东侧西部拗陷带新竹凹陷和台中凹陷（包括海区）早已成为大批中小型油气田的生产矿区，未来海峡西侧显然极具勘探发现潜力，但可以预见发现大油气田的可能性不大。

1.2.6　油气资源评价基本概念与定量评价方法

1. 油气资源与资源量

油气资源是指在自然条件下生成并赋存于天然地层之中的最终可为人们发现、开发和利用的石油与天然气数量的集成。它几乎是所有非固体化石燃料的总称，包括石油（液体）和天然气（气体）能源资源。

按美国地质调查局（USGS）的分类，油气资源按发现和未发现的标准分为已证实的（Identified）和待证实或待发现的（Undiscovered）两类。其中已证实的油气资源包括测定的、显示的、推测的三类，对这三类资源级别再以经济的或不经济的标准加以区分。

苏联采用 A、B、C、D 四级标准，以储量和资源分别进行油气资源分类。其 A、B、C 级标准分别为钻井生产后计算的储量（A+B）、提供开发设计的储量（C_1+C_2）和见油构造的储量（C_2）。俄罗斯的 C_3 级标准表示已知含油气区新构造中的资源量，而 D_1、D_2 级标准表示推测资源量。

我国石油储量规范（1988）将油气资源分为已发现储量和未发现的远景资源量两大类型，前者包括探明储量、控制储量和预测储量，后者为潜在资源量和推测资源量。

在已发现的储量中，探明储量是对油气田评价钻探完成或基本完成之后经计算得到的储量，为可供开采的储量，所以又称为可采储量；控制储量是指在某一圈闭内由预探井发现工业油气流之后又钻过少量评价井之后计算出来的储量；预测储量是在经过地震详查及其他方法提供的圈闭范围内，经由预探井钻获油气流（层）或获得油气显示之后，通过类比预测存在一定规模油气等，再根据容积法估算后获得的储量。

最后提交的资源量属于未发现的远景资源量，而在我国陆地上与海洋中已经进行过的二轮全国范围内的大规模油气资源评价，经计算所获油气资源量也属于未发现的远景资源量。稍有不同的是，该远景资源量包括了已发现的储量部分，因此可称其为油气资源总量或总资源量。

在油气资源的大框架之下，油气总资源量、油气总生成量、油气总储量具有下述组合关系，由此利用物质平衡法可以评价油气资源、建立地质模型（图 1-5）。在过去的工作中，这一部分是资源评价工作较为薄弱的环节，需要在理论上和方法上完成更多的工作。

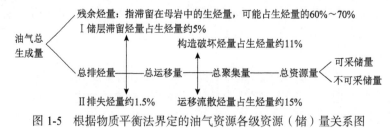

图 1-5　根据物质平衡法界定的油气资源各级资源（储）量关系图

2. 海域油气资源常用定量计算方法

在我国海域，经过 3 个"五年计划"的综合评价研究实践，最为常用的定量评价公式为以下 10 种，它们可分为以下 4 种类型：参数类比取值型，参数测试取值型，综合分析经验取值型，综合盆地区带数值模拟型。

1）参数类比取值型

（1）沉积岩体积法：$Q_{体}=\rho \cdot S \cdot h$

式中，ρ 为沉积岩储量密度——以类比法求得沉积岩含油气体积丰度（亿 t/km^3），取值各区带有别；S 为沉积岩面积（km^2）；h 为沉积岩厚度（m）。

（2）生油岩体积法：$Q_{生}=\rho \cdot S \cdot h$

式中，ρ 为生油岩单储系数（万 t/km^3）；S 为沉积岩面积（km^2）；h 为沉积岩厚度（m）。

2）参数测试取值型

（1）氯仿沥青"A"法：$Q_A = S \cdot h \cdot \rho \cdot M \cdot A \cdot K_A$

式中，S 为成熟生油岩面积（km^2）；h 为成熟生油岩均厚（m）；ρ 为生烃源岩密度（亿 t/km^3）；M 为泥岩百分比（%）；A 为残余"A"含量（%）；K_A 为 A 恢复系数。

（2）有机碳法：$Q_C = S \cdot h \cdot \rho \cdot M \cdot c \cdot K_c \cdot x$

式中，S 为成熟生油岩面积（km^2）；h 为成熟生油岩均厚（m）；ρ 为生烃源岩密度（亿 t/km^3）；M 为泥岩百分比（%）；c 为残余有机碳（%）；K_c 为 c 恢复系数；x 为烃产率（千克烃/吨有机碳）。

（3）TTI 热模拟法：$Q_{生}=0.0001 \cdot h \cdot \rho \cdot c \cdot F$

式中，h 为泥岩厚度（m）；ρ 为源岩密度（亿 t/km^3）；c 为原始有机碳含量（%）；F 为源岩油气产率（千克烃/吨有机碳）。

（4）TTI 热解法（用于勘探程度低的地区）：$Q_{生}=0.0001 \cdot h \cdot \rho \cdot c \cdot G$

式中，h 为沉积岩厚度（m）；ρ 为原岩密度（亿 t/km^3）；c 为原始有机碳含量（%）；G 为有机质降解率（%）。

（5）圈闭法：$Q_{资} = Q_{生} \cdot K \cdot \alpha$

式中，K 为排烃系数（%）；α 为聚烃系数（%）。

（6）产烃率法：$Q_{生}=V \cdot D \cdot c \cdot r \cdot \sum_{i=1} K_i \cdot R_i \times 10^{-7}$

式中，V 为生烃岩体积（km^3）；D 为生烃岩密度，一般取 23 亿 t/km^3；c 为有机碳含量（%）；r 为有机碳恢复系数；$\sum_{i=1} K_i$ 为不同演化阶段不同干酪根含量（%）；R_i 为不同干酪根类型的产烃率（%）。

$$Q_{聚} = Q_{生} \cdot K_a$$

式中，K_a 为油气排聚系数。

3）综合分析经验取值型

物质平衡法（FASPLIM）：

$$油藏油量 (STT)IP = \frac{0.84 \times A \times H \times \Phi \times S_o \times F}{B_o \times 10^6}$$

4）综合盆地区带数值模拟型

BasPro3D 盆地数值模拟系统或称超级盆地动态模拟系统，即属于数值模拟型。

3. 小结与讨论

以上 4 种评价类型是经过时间和实践检验的经验总结。其中：

类型一适用于尚未钻井的地区，或钻井资料较为缺乏的地区。

类型二适用于测试分析资料较为齐全的盆地和区带工作地区，分为不同的级别，针对不同的对象，具有可信度越来越高、数据越来越准确、适用于不同的勘探开发阶段的特点，是油气资源评价的常用和主要的方法。

类型三是近年用于实际评价的一种理想评价方法，综合性很强，理论要求高，应用较少，值得给予探索和关注。

类型四是自"八五"以来应用越来越多、方法越来越成熟、技术体系越来越先进和完善、结果越来越可信、技术含量越来越高并受到石油公司越来越多关注和青睐的一种行之有效的油气资源评价方法技术体系。

关于物质平衡法，在油气资源评价工作中，需要深入研究油气资源从生成到聚集全过程的各种损耗烃量，事实上只有少部分油气生成量可以聚集起来形成油气藏，该过程服从于物质平衡原理。显然油气生成之后的总损耗量与最后可采储量之和等于总生烃量。了解这个过程有利于油气资源评价工作。

BasPro2.0 盆模软件考虑了油气的生烃、排烃、运移和聚集的全过程，最后形成生烃量、排烃量、运移量和聚集量 4 项参数。实际上该过程被生烃门限、排烃门限、运移门限和聚集门限分别予以表述。4 个部分代表了油气资源在 4 个不同阶段的资源量，同时包含了油气资源损耗，包括源岩残留烃量、储层滞留烃量、排失烃量、运移损耗烃量、构造破坏烃量等 5 个部分。

据庞雄奇等对新疆吐哈盆地前侏罗系的工作成果（下同），源岩残留烃量占生烃量的 67.9%，计算模型主要考虑了源岩对烃类的吸附作用、水溶损耗、油溶损耗和毛细管封堵损耗等。在油气运移的理论体系中，单层源岩越厚，滞留烃量就越多，并给出了源岩单层以 24m 左右为佳的结果。

（1）储层滞留烃量：是指经初次运移离开母岩进入储层烃类的损耗量，被认为占生烃量的 4.47%，计算模型为

$$Q_{rs} = H_s \cdot S \cdot q_{rs}$$

式中，H_s 为储层厚度（m）；S 为运聚单元总面积（km^2）；q_{rs} 为单位体积储层滞留烃量（亿 t/km^3）。

对天然气：

$$Q_{rg} = Q_{wg} \cdot \Phi \cdot S_w + 0.002 \cdot \Phi \cdot S_w \cdot \frac{T_o}{T} \cdot K_z$$

式中，Q_{rg} 为单位体积储层滞留气量（亿 t/km^3）；Q_{wg} 为单位体积水溶解气量（亿 t/km^3）；Φ 为储层孔隙度（%）；T_o 为地表温度；T 为储层温度；K_z 为气体压缩因子，取 1；S_w 为含水饱和度（%）。

对石油：

$$Q_{ro} = 0.13 / \pi[\arctan(Z / 1000 - 4) + \pi / 2]$$

式中，Z 为埋深（m）。

（2）盖前排失烃量：是指母岩之外第一套区域性盖层形成之前源岩的排失烃量。该部分排出烃量被认为全部损耗，占生烃量的 1.466%。计算式：

$$Q_{ebc} = q_e \cdot S_n \cdot k_{ebc}$$

$$k_{ebc} = \frac{Q_{ebc}}{Q_e}$$

式中，Q_{ebc} 为盖前排失烃总量（亿 t/km³）；q_e 为源岩排烃强度；S_n 为源岩层分布面积（km²）；k_{ebc} 为源岩盖前排烃比率（%）；Q_e 为源岩累积排出烃量（亿 t/km³）。

（3）运移损耗烃量：考虑油气随源岩压实排出的水溶解和扩散的烃量，游离态烃被区域盖层下储层孔隙水溶解后再被压实而随水流失的烃量，及侧向运移进入运聚储层单元后为孔隙水溶解并扩散的烃量，被认为占生烃量的 15.27%。计算式：

$$Q_{wd} = (V_{源} + a_{储} \cdot V_{储} + a_{非} \cdot V_{非}) \cdot q_{ew}$$
$$+ (V_{储} + a_{储} \cdot k_{储} \cdot V_{储} + a_{非} \cdot k_{非} \cdot V_{非}) \cdot q_{ed}$$

式中，Q_{wd} 为运聚单元内水溶和扩散烃流失量（亿 t/km³）；$V_{源}$ 为烃源岩体积（亿 t/km³）；$V_{储}$ 为储集岩体积（亿 t/km³）；$V_{非}$ 为非储集岩体积（亿 t/km³）；$a_{储}$、$a_{非}$ 为同等条件下储层和非储层压实排水量之比率；$k_{储}$、$k_{非}$ 为源岩区外储层和非储层面积占运聚单元面积的比率（%）；q_{ew}、q_{ed} 为单位体积源岩层排出水溶相和扩散相烃的量（亿 t/km³）。

（4）构造破坏烃量：分为 a、b、c 三部分来表示。

a. 构造变动强度

表征构造变动强度有 3 项指标：剥蚀量大小（反映垂向变动强度）、断层断距与密度（反映剪切作用强弱）和褶皱倾向大小（反映挤压作用强弱）。计算式：

$$Q_{ds} = (Q_p - Q_{rm} - Q_{rs} - Q_{ebc} - Q_{wd}) \cdot k_{ds}$$
$$= Q_{me} \cdot k_{ds}$$

式中，Q_{me} 为有效运移烃量（亿 t/km³）；Q_{ds} 为运聚单元内构造变动破坏烃总量（亿 t/km³）；Q_p 为剥蚀损失烃量余量（亿 t/km³）；Q_{rm} 为断裂破坏后烃余量（亿 t/km³）；Q_{rs} 为与密度变化有关烃量（亿 t/km³）；Q_{ebc} 为与褶皱倾向改变有关烃量（亿 t/km³）；Q_{wd} 为运聚单元在不同的地史时期源岩提供的有效运移烃量（亿 t/km³）；k_{ds} 为地史时期的构造变动综合破坏烃量系数。

b. 各沉积地史时期有效运移烃受多次构造变动破坏量的计算

设定某一运聚单元在不同的地史时期源岩提供的有效运移烃量分别为 ΔQ_{me}^i，i 代表沉积地史期；每一地史期 i 后的构造变动综合破坏烃量系数为 k_{ds}^i，试计算各次构造变动对沉积期 i 内源岩提供的有效运移烃量的破坏。

第 i 个沉积经受后来 $(n-i)$ 次构造变动破坏烃量总和（ΔQ_{ds}^i）计算式为

$$\Delta Q_{ds}^i = \Delta Q_{me}^i - \Delta Q_{me}^i \left[\prod_{j=1}^{n} (1 - k_{ds}^j) \right]$$

式中，ΔQ_{me}^i 为某一运聚单元在不同地史时期源岩提供的有效运移烃量（亿 t/km^3）；k_{ds}^j 为沉积期 j 运聚单元在不同地史时期的构造变动综合破坏烃量系数。

运聚单元内构造变动破坏烃总量（Q_{ds}）是各沉积期有效运移烃破坏量之和：

$$Q_{ds} = \sum_{i=1}^{n} \Delta Q_{ds}^i$$
$$= \sum_{i=1}^{n} \Delta Q_{me}^i - \sum_{i=1}^{n} \Delta Q_{me}^i \left[\prod_{j=i}^{n} (1-k_{ds}^j) \right]$$

c. 各次构造变动破坏烃量计算

第 i 次构造变动只对第 i 次构造变动发生前源岩提供的有效运移烃量进行破坏。对沉积期 $j(1 \le j < i)$ 的 ΔQ_{me}^j 的破坏量为 ΔQ_{ds}^{ij}，计算模型为

$$\Delta Q_{ds}^{ij} = \Delta Q_{me}^j (1-k_{ds}^j) \cdots (1-k_{ds}^{n-1}) k_{ds}^n$$

式中，ΔQ_{me}^j 为沉积期 j 运聚单元在不同地史时期源岩提供的有效运移烃量总和（亿 t/km^3）；k_{ds}^j 为沉积期 j 运聚单元在不同地史时期的构造变动综合破坏烃量系数；k_{ds}^{n-1} 为沉积期 $n-1$ 运聚单元在不同地史时期的构造变动综合破坏烃量系数；k_{ds}^n 为沉积期 n 运聚单元在不同地史时期的构造变动综合破坏烃量系数。

第2章 东海盆地地层沉积与构造演化特征

2.1 东海陆架盆地沉积地层特征

2.1.1 新生代沉积地层与层序特征

解释发现东海陆架盆地新生代不同的等时和准等时界面，以及由这些界面限定的层序地层单元，是古构造作用、海平面（或基准面）升降变化、物源供给与构造运动及变化的产物。东海陆架盆地新生代地层层序划分为三个级别：构造层序、超层序和层序（图2-1）。

构造层序：由盆地古构造运动或一级海平面（或基准面）形成区域不整合面为界的地层单元。这种由古构造运动和海平面（或基准面）变化作用面造成的上下地层角度不整合接触，具有分布广和易于识别的特点。

超层序：在每次构造运动以后发生的数次幕式运动或二级海平面（或基准面）变化，形成一定范围内区域的或局部的不整合面，其间形成超层序。

层序：三级层序，是层序地层学基本构造单元。

1. 构造层序

东海陆架盆地新生界构造层序4个，为地震反射 T_6^0、T_4^0、T_3^0、T_2^0 层系，代表了发生在东海的4次构造事件，分别称为基隆运动、瓯江运动、玉泉运动和龙井运动。

1）T_6^0 地震反射界面

T_6^0 地震反射界面为新生代沉积盆地基底面，形成于晚白垩世末期，是基隆运动的产物。在盆地中许多地方有上超下削现象，特别是在西湖、阮江、基隆等凹陷的斜坡部位，以"双轨"状出现，呈中-强振幅反射，连续性较好。

T_6^0 地震反射界面总体呈北北东向分布，基本上可以分为东、西两个凹型带和中间的凸起带。凹型带正好与西湖、瓯江、长江、基隆等凹陷位置吻合，最大深度为15000m。凸起带，即构造正向单元虎皮礁凸起、海礁凸起、鱼山凸起等位于盆地中央，深1000～4000m，其将沉积凹陷分成两个带。

2）T_4^0 地震反射界面

T_4^0 地震反射界面是一个由海平面下降和瓯江运动共同作用形成的不整合面。在盆地西部呈向东倾斜层状分布，层面平缓，埋深为2000～3000m；沉积特征各异；在长江凹陷为连续性较好的角度不整合，在瓯江凹陷、武夷低凸起反射波连续性极好，属于假整合面，钻探见煤系地层。

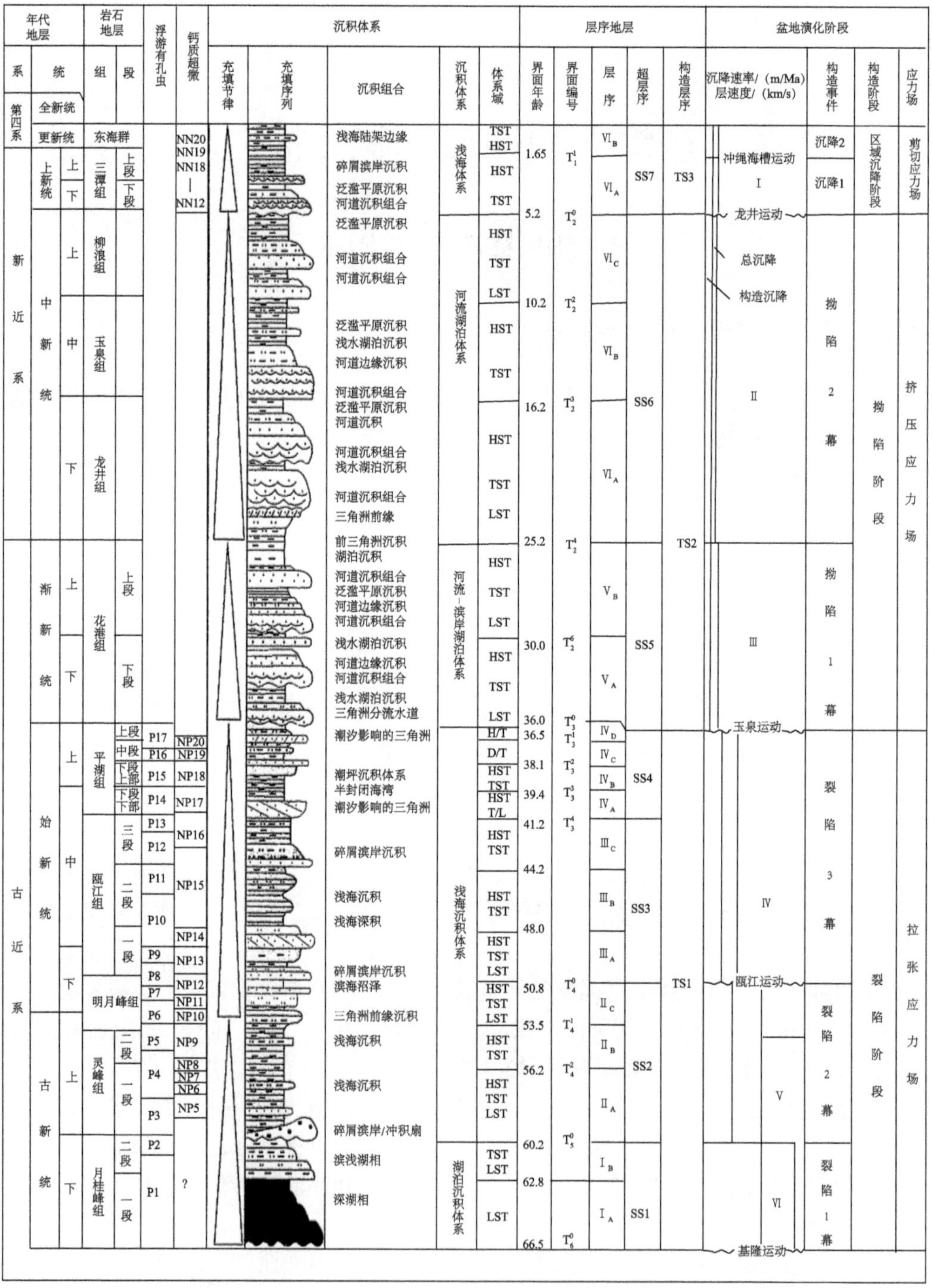

年代地层 系	统	岩石地层 组	段	浮游有孔虫	钙质超微	充填节律	充填序列	沉积组合	沉积体系	体系域	界面年龄	界面编号	层序	超层序	构造层序	盆地演化阶段 沉降速率/(m/Ma) 层速度/(km/s)	构造事件	构造阶段	应力场
第四系	全新统/更新统	东海群			NN20 NN19 NN18 — NN12			浅海陆架边缘	浅海体系域	TST HST	1.65	T_1^1	VI_B	SS7	TS3	沉降2	冲绳海槽运动	区域沉降阶段	剪切应力场
新近系	上新统 上段	三潭组 上段/下段						碎屑滨岸沉积 / 泛滥平原沉积 / 泛滥平原沉积		HST / TST	5.2	T_2^0	VI_A			沉降1	龙井运动		
新近系	中新统 上	柳浪组						河道沉积组合 / 河道沉积组合	河流湖泊体系	HST / TST / LST	10.2	T_2^1	VI_C	SS6		总沉降 / 构造沉降		拗陷阶段 II 拗陷2幕	挤压应力场
	中新统 中	玉泉组						泛滥平原沉积 / 浅水湖泊沉积 / 湖泊边缘沉积		HST / TST	16.2	T_2^2	VI_B						
	中新统 下	龙井组						河道沉积组合 / 泛滥平原沉积 / 河道沉积 / 河道沉积组合 / 浅水湖泊沉积 / 河道沉积组合 / 三角洲前缘		TST / LST	25.2	T_2^4		TS2					
古近系	渐新统 上	花港组 上段						前三角洲沉积 / 湖泊沉积 / 河道沉积组合 / 泛滥平原沉积 / 河道边缘沉积 / 河道沉积组合 / 浅水湖泊沉积	河流-滨岸湖泊体系	HST / TST / LST	30.0	T_2^6	V_B / V_A	SS5				拗陷1幕 III	
	渐新统 下	花港组 下段						河道边缘沉积 / 河道沉积组合 / 浅水湖泊沉积 / 三角洲分流水道		HST / TST / LST	36.0	T_3^0	IV_D				玉泉运动		
古近系	始新统 上	平湖组 上段/中段/下段上部/下段下部		P17 / P16 / P15 / P14	NP20 / NP19 / NP18 / NP17			潮汐影响的三角洲 / 潮坪沉积体系 / 半封闭海湾 / 潮汐影响的三角洲 / 碎屑滨岸沉积	浅海沉积体系	H/T / D/T / HST / TST / HST / T/L / TST	36.5 / 38.1 / 39.4 / 41.2	T_3^1 / T_3^2 / T_3^3	IV_C / IV_B / IV_A / III_C	SS4				裂陷3幕 IV	拉张应力场
	始新统 中	瓯江组 三段/二段/一段		P13 / P12 / P11 / P10	NP16 / NP15 / NP14			浅海沉积 / 浅海深积 / 碎屑滨岸沉泽 / 滨岸沼泽		HST / TST / HST / TST / LST	44.2 / 48.0	T_4^0	III_B / III_A	SS3			瓯江运动	裂陷阶段	
	始新统 下	明月峰组		P9 / P8 / P7 / P6	NP13 / NP12 / NP11 / NP10			三角洲前缘沉积 / 浅海沉积		HST / TST / LST	50.8	T_4^1	II_C	TS1					
古近系	古新统 上	灵峰组 二段/一段		P5 / P4 / P3	NP9 / NP8 / NP7 / NP6 / NP5			浅海沉积		HST / TST / LST	53.5 / 56.2	T_4^2	II_B / II_A	SS2				裂陷2幕 V	
	古新统 下	月桂峰组 二段/一段		P2 / P1	?			碎屑滨岸/冲积扇 / 滨浅湖相 / 深湖相	湖泊沉积体系	TST / LST / TST / LST / LST	60.2 / 62.8 / 66.5	T_5 / T_6	I_B / I_A	SS1			基隆运动	裂陷1幕 VI	

图 2-1 东海陆架盆地沉积地层格架及板块构造背景

①本图偏重于西湖凹陷钻井资料的分析成果；②层速度Ⅰ（N₂+Q），2.0~2.2km/s；层速度Ⅱ（N₁），2.5~3.0km/s；层速度Ⅲ（E₃），2.8~3.3km/s；层速度Ⅳ（E₂），3.07~4.0km/s；层速度Ⅴ（E_1^2），4.0~5.0km/s；层速度Ⅵ（E_1^1）>5.0km/s

3）T_3^0 地震反射界面

T_3^0 地震反射界面为玉泉运动和基准面下降共同作用形成的区域不整合面。反射波下削上超明显、普遍，但角度不大，呈中-强振幅反射，连续性较好。T_3^0 反射界面遍及整个陆架盆地，西部覆盖越过盆地边缘，为一平缓反射层，至东部拗陷带逐步加深，在西湖凹陷三潭深凹和基隆凹陷的青草湖深凹，最大深度达 7500m。东部终止于钓鱼岛隆褶带。该界面被多口钻井揭示，录井见底砾岩与风化壳，表明发生过一次较大规模的水平面下降事件。

4）T_2^0 地震反射界面

T_2^0 界面分布范围广，超出陆架盆地范围，是一个明显的区域不整合界面。该界面以上的上新统与第四系近水平展布，构造层平面上略呈向东南缓倾的单斜，由中新世末期龙井运动形成的构造发育，在反转期进入区域沉降期；西湖凹陷最深达 1800m，基隆凹陷最深达 2000m。

2. 超层序

东海陆架盆地的超层序界面主要是指涉及油气勘探的三个超层序，构成瓯江组、平湖组和花港组之间的两个超层序界面，也就是 T_3^4、T_2^4 地震反射界面。

1）T_3^4 地震反射界面

T_3^4 界面是基准面和幕式古构造运动的产物，局部位置有下削上超现象，反射波振幅时强时弱，连续性中等。在盆地西部的削蚀线埋深在 3000m 左右，在西湖凹陷的最大深度达 9000m，基隆凹陷最深达 11000m，是始新统平湖组的底面。

2）T_2^4 地震反射界面

T_2^4 界面主要分布在东部拗陷带和中部凸起带的东侧，向西超覆，属局部不整合，是渐新统花港组的顶界面。其西部埋深为 1200～1400m。在西湖凹陷三潭深凹中最深达 5000m，白堤深凹中最大深度为 4000m；在基隆凹陷中，最大埋深也达 5000m。

在西湖凹陷东南边缘有抬升剥蚀现象，为龙井运动早期幕式运动或花港运动的反映，并在全区范围内限定一次突然发生的湖平面下降事件。

3. 层序

层序是油气勘探开发目标，是局部构造运动或小规模海平面、基准面变化产物。东海陆架盆地发育 19 个层序，每个层序内进一步区分出相对海平面变化的高位、水进、低位体系域，每一体系域由一定叠覆小层序或组构成，形成不同层序地层单元。

2.1.2 新生代地层沉积与含油气性特征

东海陆架盆地发育在中生代残留盆地基底之上，盆内新生代地层发育齐全，但各凹陷中不同地质时代地层的发育差异明显。据地震资料推算，古近系和新近系沉积最大残留厚度为 15000m，较为系统的研究集中在西湖凹陷，目前揭穿的古近系和新近系厚度为 5000 多米；通过生物地层研究发现主要为新生代碎屑沉积，也包括少量中生代地层，但在具体层位的归属上还有分歧。从钻井所揭露的地层来看，从下到上依次发育了前古近系石门潭组二段（长江凹陷为长江组）、古新统灵峰组（长江凹陷为美人峰组）、明月峰组，始新统瓯江组和平湖组，渐新统花港组，中新统龙井组、玉泉组和柳浪组，上新统三潭组，第四系东海群（表2-1）。

表2-1 东海陆架盆地新生代地层沉积综合简表

界	系	统	组	段	地震反射界面	主要岩性	沉积相
新生界	第四系		东海群		T_1 冲绳海槽运动	浅灰或灰色黏土、粉砂质黏土与粉砂层、细砂层互层，底部为浅灰色细砂层、含砾细砂层	浅海相
	新近系	上新统	三潭组	上段		上部：灰色泥岩与粉、细砂岩互层 下部：灰白色砂砾岩、细砂岩夹泥岩	海陆过渡相
				下段	T_2^0 龙井运动	上部：灰色泥岩与泥质粉砂岩、粉砂岩互层 下部：灰白色砂砾岩	河流相
		中新统	柳浪组			中、上部：黄色或灰黄或褐色泥岩与粉、细砂岩互层 下部：灰色粉、细砂岩与灰绿色泥岩互层	河流 夹海侵层 湖泊相
			玉泉组			褐灰、绿灰、灰色泥岩与浅灰白色粉砂岩、含砾砂岩不等厚层夹页岩和煤层	
			龙井组			灰色泥岩与灰白色粉砂岩、细砂岩、中砂岩、砂砾岩互层，夹棕红色、紫色泥岩，上部夹海侵层	
	古近系	渐新统	花港组	上段	T_2^4	上部：杂色泥岩与灰白色砂岩、细砂岩互层 下部：灰白色粉砂岩、细砂岩为主，夹泥岩	
				下段	T_3^0 玉泉运动	上部：灰色泥岩为主，夹粉砂岩、细砂岩、少量煤层 下部：浅灰或灰白色粉砂岩、细砂岩夹泥岩	
		始新统	平湖组	上段	T_3^4	灰-深灰色泥岩、浅灰色粉砂岩、细砂岩互层，夹碳质泥岩及沥青质煤	受潮汐影响的三角洲潮坪-半封闭海湾
				中段		灰-深灰色泥岩与浅灰色泥质粉砂岩、细砂岩互层	
				下段		灰质泥岩与粉砂岩、白云质泥岩呈薄互层	
			瓯江组	三段	T_3^4	上部：浅棕、黄棕色泥岩为主，夹粉砂岩 中部：泥岩与粉、细砂岩互层 下部：灰白色砂砾岩、粗砂岩	滨海相
				二段		灰白色砂质灰岩、生物碎屑灰岩与泥质粉砂岩互层	浅海相
				一段		浅灰色粉砂岩、中-细砂岩与灰色泥岩互层	海滨-滨海相
		古新统	明月峰组		T_4^0 瓯江运动	灰色泥岩、灰白色中-粗砂岩互层夹煤层	滨岸-滨岸沼泽相
			美人峰组 灵峰组			上部：深灰色泥岩为主，夹粉砂岩 下部：灰白色砂岩夹泥岩	滨浅湖相 ／ 浅海相
			长江组 石门潭组	二段		灰白色细、中、粗砂岩夹泥岩	浅海-半深湖相 海岸-滨海相
				一段		棕红色泥岩与灰白色砂岩、含砾粗砂岩互层	河流，冲积相
中生界	白垩系				T_6^0 基隆运动	安山岩、花岗闪长岩、花岗岩、片麻岩	

1. 盆地的地层序列

1）中-下侏罗统福州组（$J_{1-2}f$）

福州组为一套暗色碎屑岩夹数层薄煤层或碳质泥岩组成的地层。上部灰白色砂岩与褐、棕色泥岩、浅灰、灰色泥岩呈不等厚互层，顶部有一层薄煤；下部为灰、深灰色泥岩与灰白砂岩互层，夹薄煤层，近底部为厚层状砂岩夹薄层泥岩。

地层中有较丰富的孢粉化石，组合为 *Cythidies - Klukisporites - Dictyllidites*，并产有三叠纪的孑遗分子 *Ovalipollis*（T-J_1）化石。

在东海西部拗陷带揭露中-下侏罗统福州组 540m，与下伏地层呈不整合接触。

2）上侏罗统厦门组（J_3x）

厦门组为杂色碎屑岩层。上部为褐、灰褐、棕褐色泥岩，棕红色泥岩和灰白色、杂色砂岩呈不等厚互层；下部浅灰、灰、灰绿色泥岩及少量棕红色泥岩与浅灰、灰白色砂岩互层。钻遇地层厚度为 440～570m。

侏罗系依据岩性和化石资料，推测为陆相湖泊和沼泽沉积，其间受海侵影响。

3）白垩系石门潭组（K_2s）

石门潭组不整合于安山岩和花岗闪长岩新生代沉积基底之上，在石门潭一井中钻遇，根据岩性、古生物资料划分为一、二段。

目前钻井揭露的石门潭组下段为白垩系。岩性为灰、灰黑色安山岩夹薄层紫红色泥岩，浅灰、灰绿色泥岩，砂岩及含砾砂岩顶部为 3～4m 厚的紫红色凝灰岩；为陆相河流到泛滥平原相沉积，在地震剖面上反映为弱振幅低连续的地震相特征。

一段：俗称"红层"段。岩性为棕红、棕紫、深棕色泥岩与灰白色泥质粉砂岩、粉砂岩、细砂岩、含砾粗砂岩互层。在该段地层中发现少量白垩纪分子，如 *Exesipollenites*、*Hsuisporitesdun*、*Azolla* 等，为此将其地质时代划归为白垩纪。

二段：下部为灰白色细砂岩、中砂岩、粗砂岩夹灰黑色泥岩、粉砂质泥岩。上部为浅灰色、灰白色粉砂岩、细砂岩、中砂岩、含灰质细-中砂岩与灰黑色泥岩、粉砂质泥岩互层。

该段中仅见到一颗浮游有孔虫 *Subbotina triloculinodest* 和少量沟鞭藻化石，如 *Senglinium microgranulayum*、*Areoligera volata* 等。

4）下古新统月桂峰组（E_1y）

该组是由姜亮等（2004）正式建立的地层单位，厚度为 0～349m。下部主要为深灰色泥岩夹灰白色中细砂岩，上部为浅灰色、灰白色中细砂岩、粉砂岩与黑灰色粉砂质泥岩、泥岩互层，偶夹薄煤层。见稀少的藻类、孢粉化石，与下伏石门潭组呈角度不整合接触。推测该套地层为近海的河流-湖泊沉积环境。

5）中古新统灵峰组（E_1l）

根据岩性特征灵峰组划分为一、二段。一段：以粗碎屑岩的浅灰、灰白色长石岩屑砂岩、长石石英砂岩为主，夹灰黑色泥岩、粉砂质泥岩。二段：以大套深灰色泥岩为主，夹灰色粉砂岩。本组海相生物化石极为丰富，发现了大量的有孔虫、钙质超微、沟鞭藻化石，特别是钙质超微化石，已鉴别出 Maartini 于 1971 年所划分的古新统 9 个化石带中的 5 个带，即 *Ellipsolithus macellus*（NP$_4$带）、*Fusciculirhus tumani formis*（NP$_5$带）、*Helioliorhuskleinpellii*（NP$_8$带）、*Discoaster multiradiatus*（NP$_9$带）。时代属中古新世—晚古新世。

6）上古新统明月峰组（E$_1$m）

明月峰组整合和局部不整合于灵峰组之上，是一套滨海-浅海沉积环境下沉积的含煤砂泥岩建造，以煤层发育为特征，其下部岩性为灰色泥岩、含灰-灰质泥岩与灰白色中、粗砂岩、含砾粗砂岩不等厚互层；中部和上部为灰白色砂砾岩、含砾细-粗砾岩与灰、褐灰色泥岩略等厚互层夹煤层。

在这套含煤岩系中，海相化石明显较灵峰组少。主要为 *Haplodhragmoides lingfingensis* 有孔虫化石分子、*Ascodinnumorbiculatum*、*A.lingfengense* 等沟鞭藻化石分子、*Neomonoceratina donghaiensis* 介形虫化石分子、*Chiasmolitus bides*、*Neochiastoxgus-distentus* 等钙质超微化石分子和 *Myssapollenites-Myricaceoipollenites* 孢子花粉组合。根据上述化石组合，确定明月峰组地层时代为晚古新世—早始新世。

浙东拗陷长江凹陷的美人峰一井揭示的长江组和美人峰组，其地层时代也是古新世，但从各项分析资料结果确定长江组与瓯江凹陷石门潭组、美人峰组与阮江凹陷的灵峰组为并列关系，属同期异相沉积物。长江组和美人峰组均为陆相沉积，仅发现有孢粉化石，即 *Taxodiaceapollenitens-Ulmipollenites- Ulmipollenites-Aguilapollenites*，为典型的榆科花粉和具孔类花粉占优势的我国古新世地层特征花粉组合。

古新统是东海陆架盆地西部拗陷带油气生成、储集的勘探目标层系。在所钻的雁湖构造和石门潭构造上分别获得了工业性油气流和二氧化碳气流。

7）下始新统瓯江组（E$_2$o）

瓯江组不整合于明月峰组之上，厚度达 992.5m。按岩性自下而上分为三段：一段为灰色泥岩与浅灰或灰色粉砂岩、细砂岩、中砂岩互层，厚 32.5～214m；二段下部为灰白色砂质灰岩与浅灰色泥岩互层，夹浅灰色粉砂岩，中部以浅灰色泥岩为主，夹浅灰色泥质粉砂质，上部为浅灰或灰色泥岩与浅灰色泥质粉砂岩、粉砂岩互层，该段厚 205～393m；三段下部以灰白色砂砾岩、粗砂岩、含砾砂岩为主，夹薄层浅灰色泥岩，中部为浅绿灰或浅棕黄或浅灰色泥岩与浅灰色粉砂岩、细砂岩互层，上部以浅棕或浅黄棕色泥岩为主，夹薄层浅灰绿色质粉砂岩，该段厚 130～491m。瓯江组含丰富的底栖有孔虫化石（特别是底栖大有孔虫）、浮游有孔虫、钙质超微化石、沟鞭藻化石，也含孢粉化石，发现的有孔虫化石有 *Elphidium rischtanicum*（里斯坦希望虫）、*E.eocenicum*（始新希望虫）等。时代应属中始新世—晚始新世。海相化石的层位主要见于二段。在平湖地区平湖二、三井及平西一井平湖组之下钻遇的一套中酸性火山岩的同位素年龄为 42.5～56.5Ma。该套地层发育于裂陷中期，沉降快，推测以海湾或滨岸湖泊相沉积为主。

8）中始新统温州组（E$_2$w）

按岩性自下而上分为两段，上段仅见于椒江凹陷，下段在台北凹陷广泛分布。上段为浅灰色、浅灰绿色细砂岩、粉砂岩与浅绿灰色、浅棕黄色、浅灰色粉砂质泥岩、泥岩近等厚互层。底部为浅灰、灰白色含砾砂岩、砂岩富含灰质，局部含海绿石。温州组上段以浅灰色、浅绿色、灰色泥岩为主，夹浅灰色粗-极粗粒砂岩，见多层黑色煤层。中部为浅灰色粉砂岩、泥质粉砂岩、浅灰色、灰白色细-中粒砂岩，夹少量粉砂质泥岩；下部以浅灰色、灰色、浅绿色泥岩、粉砂质泥岩为主，往下泥岩钙质含量增加，该套地层推测以海湾或滨岸湖泊相沉积为主。

9）中-上始新统平湖组（E_2p）

平湖组以泥岩为主，夹粉砂岩、砂岩并含煤层的过渡相煤系地层，是西湖凹陷主力生油岩系和储油岩系，属中始新世—晚始新世，厚 500～1500m，是一套形成于潮坪、潮汐改造的以三角洲或河口湾沉积为主的半封闭碎屑海湾充填。

自下而上可分为三段：下段下部为灰或深灰色含灰质泥岩、粉砂质泥岩与浅灰或灰白色灰质粉砂岩、灰质泥质粉砂岩、粉细砂岩、细砂岩呈频繁互层，上部以深灰色泥岩、粉砂质泥岩、灰质泥岩、灰质粉砂质岩为主，夹浅灰色灰质粉砂岩、粉细砂岩、灰质泥质粉砂岩和白云质泥岩、煤层；中段为深灰或灰色泥岩、粉质泥岩、灰质泥岩、灰质粉砂质泥岩与浅灰或灰白色泥质粉砂岩、灰质粉砂岩、粉细砂岩、细砂岩互层，夹泥晶灰岩、砂质灰岩、白云质泥岩和煤层；上段为灰白色粉砂岩、粉细砂岩局部含砾与浅灰或深灰色泥岩、粉砂质泥岩互层，夹少量煤层。

平湖组富含多类海、陆相化石。由于平湖组是东海陆架盆地的主要生油层系和储集层系，所以，对该组古生物化石的研究详细。平湖组下段下部中发现了底栖有孔虫 *Nonionella alabamensis*，该种是美国中始新统 Wilcox 群标准分子，底栖有孔虫层上未发现浮游有孔虫标准断带化石，但发现了重要的浮游有孔虫分子，如 *Subbotinaangiporoides lindiensis*，*S.linaperta*，*oboritalia Gl（T）cerroazulensis*，它们的共存时限为 NP_{14}～NP_{16} 带。钙质超微化石也缺乏分带标志化石，但中始新世至晚始新世标志化石类别 *Cribrocentrum reticulatum*，*Dictyococcites bisectus* 等存在，尤其是 *Cribrocentrum reticulatum* 的分布局限于 NP_{17}～NP_{19} 带，说明该化石组合所在地层时代为中始新世晚期至晚始新世。综合分析有孔虫、钙质超微化石、孢粉等化石分布特征后确定平湖组的地层时代为中始新世。

平湖组下段上部、中段下部发现钙质超微化石 *Retic ulofenestra umbilica*（分布于 NP_{16}～NP_{22} 带），*Heliocasphaera euphratis*（分布于 NP_{18} 带）；孢粉组合平湖组下段上部见 *Lygodiumsporites-Ulmipollenites-Quercoidites*，中段下部见 *Taxodiaxeaepollenites-Tricolporopollenites-Tricplpites* 组合，均属于晚始新世。平湖组中段中部和上部也发现了钙质超微化石和有孔虫化石，孢粉组合为 *Alnipollenites-Magnastriatites*。中段地层时带根据化石组合确定为晚始新世。平湖组上段缺少有分带意义的海相化石，但也有轮藻、介形虫、钙质超微化石和孢粉等化石。根据下覆地层年代推测其为晚始新世。

中-上始新统平湖组是东海西湖凹陷的主要源岩层和油气勘探目标层。在西湖凹陷发现的油气田中，位于凹陷西部保俶斜坡的平湖油气田、宝云亭油气田、武云亭油气田和孔雀亭油气田，其最主要的含油气储层位于平湖组；储层圈闭中的流体包括凝析气、挥发油。在西湖凹陷浙东中央背斜带的春晓（即苏堤，下同）构造带上，也在平湖组发现了工业性油气流；该项发现属重大突破，其圈闭中的流体类型为凝析气。

10）渐新统花港组（E_3h）

花港组不整合于平湖组之上，岩性由下粗上细的两个旋回组成，分为花下段和花上段：下段上部为灰或深灰色泥岩与浅灰或灰白色砂岩互层，下部为浅灰或灰白色砂岩、砂砾岩夹灰或深灰色泥岩，夹有少量煤层或煤线，底部砂砾岩中砾石成分较杂，见有多轮藻（*Pocysphaeridium subtile*）、斗篷萨兰姆藻相似种（*Samladia cf.chlamyclophora*）、具模拟单拉虫（*Haprophragmoides carinatum*）等；上段上部为灰或深灰及杂色泥岩与浅灰色砂岩互层，夹少量煤，下部为浅灰或灰白色砂岩、砂砾岩夹灰或深灰色泥岩，其中杂色泥岩为该段地层的显著特征，可作为地层对比的标志层，上段的孢粉化石带为砾粉属-三瓣粉属-松粉组合带；花港组主要为大型陆相拗陷盆地冲洪积平原-河流-沼泽洪泛平原-三角洲及滨浅湖沉积。

花港组是东海陆架盆地油气的主要勘探目的层。在西湖凹陷则既是主要的含油气储集层，又是一套烃源岩层。在位于西湖凹陷西部斜坡的平湖油气田中，花港组是储存黑油流体的场所，储层的孔渗条件好；在位于西湖凹陷浙东中央背斜带的春晓、天外天等气田中，花港组是最主要的储层，气藏类型为凝析气或干气。

11）下中新统龙井组（N_1l_1）

龙井组厚 250～1250m，是一套较粗的碎屑岩沉积，总体形成一个由粗变细的沉积序列。在凹陷中部以深灰色泥岩和灰色粉细砂岩为主，在西部斜坡带主要为河流相沉积，中部为浅湖和湖泊三角洲沉积。含少量有孔虫化石，如 *Spirosigmoilinella compressa*（压扁小管曲形虫）等。钙质超微化石包括 *Spheno lithus heteromorphus*、*Helicopntosphaera ampliaperta*、*Sphenolithus abies* 等，孢粉化石有小菱粉组合等。

12）中中新统玉泉组（N_1y_2）

玉泉组厚 300～400m，岩性组成包括灰、灰绿色泥岩和砂质泥岩、浅灰色砂岩、含砾砂岩等，夹有薄的煤线。纵向上可分两个沉积旋回：下部旋回的下部为浅灰或灰白色粉砂岩、细砂岩、含砾砂岩夹深灰或灰黑色泥岩、煤层，上部为杂色及深灰色泥岩、粉砂质泥岩夹薄层粉砂岩和灰黑色碳质泥岩及沥青质泥岩；上部旋回的下部为浅灰色块状细砂岩，底部含砾石，上、中部为灰色泥岩、粉砂质泥岩、灰质泥岩与浅灰色泥岩粉砂岩、粉砂岩、细砂岩互层，夹煤和沥青质泥岩。该套地层为湖泊-河流相沉积。化石组合包括有孔虫 *Spirosigmoilinella compressa*，*Ammoniahatata tensis* 等，沟鞭藻有 *Perculodinium wallil*，*Polysphaeridium zoharyi* 和 *Spinifentes* sp. 等，孢粉组合含有 *Rutaceoipollis Meliaceoidites* 等。

13）上中新统柳浪组（N_1l_3）

柳浪组厚 300～1000m，由黄绿色、灰绿色或灰色泥岩、砂质泥岩、粉细砂岩，以及灰白色含砾砂岩等组成。中上部含有少量石膏层，中下部夹有煤线，与下覆玉泉组呈整合接触。化石包括沟鞭藻 *Hystrichokolpoma pacifica*、*O. Walli*、*Impagidinium patulum* 等，孢粉组合包括枫香粉（*Ligllidambappollenites*）-粗助孢（*Magnasttrtiates*）等。

中新统龙井组和玉泉组也是东海陆架盆地的含油气层位。位于西湖凹陷浙东中央背斜带上的龙井构造、玉泉构造，在其中新统龙井组和玉泉组中都有含油气显示，但至今未在该中新统层位中获得工业性油气流。可是，中新统仍是今后东海油气勘探中的目标层位之一。

14）上新统三潭组（N₂s）

三潭组地层厚 500～700m。该地层在地震剖面上显示为近水平层。以较细的湖泊或滨海湖泊沉积为主。上部为浅灰、灰色泥岩、粉砂质泥岩、泥质粉砂岩夹灰色砂岩。下部为厚层灰白、浅灰色砂砾岩。底部为块状含砾不等粒砂岩，含生物碎屑、碳化木等，见孢粉和钙质超微化石，说明当时已受到海侵的影响，为海陆过渡环境。化石包括钙质超微化石 *Discoaster brouweri*、*D.pentaradiatas/Reticulofenstra pseudoumbilica*、*Asterotalia*、*Ammonia* 等，孢粉组合有 *Graminidites-Persicariopollis* 等。

上新统迄今为止尚未发现油气显示。

15）第四系东海群（Qd）

第四系东海群假整合于三潭组之上，岩性为未成岩的浅灰色粉砂质黏土层、浅灰色粉砂层、粉细砂层、含砾砂层、生物介壳层、砂砾互层。富含 *Pseudorotalia indopacifica*，*Asterorotalia mutispinosa* 等有孔虫化石；富含 *Gephyocapsa oceanica*，*Pseydoemiliania lacunosa* 等钙质超微化石、介形虫、孢子花粉等第四纪化石组合群和种类，为此，东海群地质年代被确定为第四纪。

第四系是松散海相沉积物，至今未发现油气显示。

2. 盆地构造运动

自晚白垩世以来，东海陆架盆地经历了 8 次构造运动，徐发等 2010 年按先后发生顺序依次描述为：基隆运动、雁荡运动、瓯江运动、平湖运动、玉泉运动、花港运动、龙井运动和冲绳海槽运动（表 2-2）。

1）基隆运动

基隆运动发生在早、晚白垩世之间，揭开了东海陆架盆地演化的序幕。这一时期，在拉张应力作用下，一系列受生长断层控制的断陷盆地开始出现，这些盆地分布方向与区域构造线基本一致，具有东断西超、东陡西缓的箕状特征，多中心，彼此分割。晚白垩世沉积东厚西薄，充填在各断陷盆地之中，沉积中心位于东侧生长断层附近。各沉积区之间互不相通，相互独立，沉积厚度变化较大，显示盆地处于断陷的起始阶段。

2）雁荡运动

雁荡运动发生于晚白垩世与古新世之间，为区域性的构造运动。这一时期由于拉张应力仍占主导，盆地具断块性质，箕状凹陷继续发展。这次构造运动弱于基隆运动，除局部地区见有古新统与上白垩统的角度不整合外，构造变动不明显。古新世的沉积范围扩大，部分地段已直接覆盖在由基底地层组成的高带之上。此时仍有多个沉积中心，沉积厚度变化在 0～3000m，但生长断层的控盆作用有所减弱。这一时期属于断陷盆地的发展阶段。古近系覆盖在前新生界不同的岩层之上，有中生界、古生界，且大多数为前泥盆系或花岗岩之上。但在拗陷和凹陷中，古新统往往继承白垩纪断陷盆地，其沉积有一定的连续性，但是两者仍然存在低角度不整合。

3）瓯江运动

瓯江运动发生在古新世与始新世之间，为区域性的构造运动。此时拉张应力仍具控制作用，但强度已大大减弱。断陷作用在许多地区（陆架盆地西带的长江、钱塘、丽水椒江等凹陷）已不明显，而代之出现的是褶皱作用。瓯江运动使这些地区的地层抬升并发生褶皱，遭受了明显的剥蚀。始新世沉积范围进一步扩展，不仅盖过各构造带，而且开始向鱼山、海礁等凸起超覆。而此时陆架盆地东部拗陷带的西湖凹陷、钓北凹陷仍受断裂控制，并具多沉降中心的特征。沉积厚度在 3000～3500m。瓯江运动表明，在东海陆架盆地（特别是西部）拉张应力已逐渐转为水平挤压，断陷作用开始向拗陷作用过渡。在长江拗陷中，从瓯江组的缺失与分布反映出当时的褶皱情况，背斜隆起带往往缺失瓯江组，向斜带存在瓯江组分布，由此判定褶皱轴向呈 NE 向。这次运动使长江拗陷、台北拗陷等古新世的拗陷宣告结束。T_5^0 界面标志着瓯江运动的结束。

表 2-2　海陆架盆地新生代构造运动和地质界面划分简表

地层系统				年代/Ma	地震代号	构造运动	构造演化阶段	
系	统	组	段				西部拗陷带	东部拗陷带
第四系	更新统	东海群 Qd						
新近系	上新统	三潭组 N_2s		2.6	T_0	冲绳海槽运动		沉降期
	上中新统	柳浪组 N_1l_3		5.3	T_1^0			
	中中新统	玉泉组 N_1y_2	上段		T_1^2	龙井运动	沉降期	沉降期
			下段					
	下中新统	龙井组 N_1l_1	上段		T_1^6			拗陷-反转期
			下段					
古近系	渐新统	花港组 E_3h	上段	23.3	T_2^0	花港运动		
			下段		T_2^1			
	始新统	平湖组 E_2p	一二断		T_3^0	玉泉运动		
			三四段		T_3^2		拗陷-反转期	
			五段		T_3^4	平湖运动		断陷期
			六段		T_3^5			
		温州组 E_2w			T_4^0			
		瓯江组 E_2o			T_5^0	瓯江运动		
	古新统	明月峰组 E_1m	上段	56.5	T_8^0			
			下段				断陷期	
		灵峰组 E_1l	上段		T_8^5			
			下段					陆缘裂陷期
		月桂峰组 E_1y			T_9^0	雁荡运动		
白垩系	上白垩统	石门潭组 K_2s		65	T_{10}^0		陆缘裂陷期	
		闽江组 K_2m				基隆运动		
	下白垩统	渔山组 K_1y		96	T_g			

4）平湖运动

T_3^4 界面为平湖运动的结束产物，是分布在西湖凹陷中的局部性构造运动，局部地方可见低角度的角度不整合、平行不整合，如从地震剖面 93qy2、g650、93qy3 线的平衡剖面的恢复可见有少数地堑形成。

5）玉泉运动

发生在始新世与渐新世间的具有挤压性质的一次运动。上白垩统、古新统及始新统经历了褶皱、抬升、剥蚀、夷平等过程，并伴有岩浆活动，造成构造面上下地层间明显的角度不整合和构造格局的截然不同。这次运动在陆架盆地西部由于受浙闽隆起边界条件的限制，表现为地层抬升、剥蚀及岩浆活动，而中部和东部福江、西湖及钓北凹陷则主要表现为宽缓的褶皱，其沉积则为单向倾斜以至披覆，这说明构造运动的重心已开始向东迁移。玉泉运动造成的不整合面提供了拗陷阶段发育的基础，其晚渐新世及中新世的沉积中心位于西湖、钓北凹陷，已不具有沉降中心的特征。T_3^0 界面标志着玉泉运动的结束。

6）花港运动

花港运动也称紫云运动一幕（杨文达和陆文才，2000），仅分布在西湖凹陷，与南部超覆相反，盆地趋向萎缩，沉积向盆地中心收敛，局部也可显示微角度不整合。T_2^0 界面标志着花港运动的结束。

7）龙井运动

龙井运动在中新世早期开始至中新世末达到高潮。这次运动主要影响到东海陆架盆地和冲绳海槽盆地，仅分布在钓鱼岛隆起带和西湖凹陷交接的地带，有明显的角度不整合、逆冲断层发育。东海陆架盆地表现为强烈的挤压褶皱，冲绳海槽盆地主要是断块扩张。龙井运动可分为三期。

龙井运动早期，发生在早中新世与中中新世之间，强度弱，影响范围局限于陆架盆地西湖凹陷中部东侧，具褶皱运动性质，表现为上下地层间的角度不整合。大致在同一时期，冲绳海槽开始扩张，主要发育在海槽的中部，并形成了一系列由西倾张性断裂控制的箕状凹陷。

龙井运动中期，发生于中中新世中期，其强度及影响范围与早期运动相似。在陆架盆地中，地层由于受向西的挤压而在西湖凹陷中部东侧出现局部不整合。此时，冲绳海槽在张应力影响下继续向东扩张。

龙井运动晚期，发生在中新世与上新世之间。这一时期构造运动剧烈，其中，西湖凹陷受到强烈的水平挤压，使巨厚的地层褶皱、抬升，遭受剥蚀，形成中央背斜带。在褶皱背斜西侧产生一系列平行的、呈北北东向延伸的、与挤压力方向垂直的高角度逆冲断层。众多局部构造也在这次运动后得到加强和定型。该次构造运动的强度由北往南减弱，在钓北凹陷表现为平缓的褶皱，且无逆断层出现。与之相伴的，岩浆活动也较强烈，主要表现在沿西湖-基隆大断裂和鱼山凸起一带。这次运动在陆架盆地中，其挤压作用集中在北北东向的西湖、钓北凹陷的狭长地带，向西影响迅速减弱，长江、钱塘等凹陷的地层仍保留近水平的披覆状态。这一时期，冲绳海槽盆地主要为继续扩张（局部尚可见挤压现象），箕状凹陷由于受北北东向张性断层的控制继续发育。T_1^2 界面标志着龙井运动的结束。

8）冲绳海槽运动

冲绳海槽运动发生在上新世与更新世之间。这次运动具有张性性质，主要表现为正断层和频繁的岩浆活动，局部地区地层也可见明显的褶皱、角度不整合和逆冲断层。冲绳海槽运动主要发生在冲绳海槽地区，特别是在钓鱼岛及海槽地带，在剖面 G340 上表现明显。而 T_1^0 界面为其在东海陆架盆地的产物，在东海陆架盆地，这次构造运动的影响已不明显，除了局部有岩浆活动外，主要表现为大面积的区域沉降和海水入侵。这是新生代以来东海构造运动由西向东继续不断迁移的表现。

3. 盆地构造演化

在纵向上以区域性不整合为界，东海陆架盆地可以划分为伸展裂陷、挤压拗陷和区域沉降 3 个演化阶段（图 2-2）。

1）伸展裂陷阶段

晚白垩世—始新世为伸长期断陷盆地发育阶段，其中又可进一步划分为三个裂陷沉降期（幕）。中生代末，印度板块高速向北推进、碰撞嵌入，给欧亚板块一个由南向北的挤压，致使欧亚板块大陆边缘向太平洋方向蠕散，从而产生近东西向的张应力，同时使西湖凹陷进入了裂谷期沉积阶段。裂陷过程是幕式进行的，其中，新生代形成了以不整合分隔的 3 个伸展裂陷幕。第 1 幕裂陷为古新统沉积时期（$T_{10}^0 \sim T_8^0$），主要发育月桂峰组、灵峰组及明月峰组，地层分布主要集中在盆地的西带椒江、丽水凹陷及长江凹陷内。以海陆过渡相及滨浅海相地层为主，地层的沉积明显受控于伸展正断层，盆地的结构以地堑或半地堑为主（图 2-2）。第 2 幕裂陷为下-中始新统沉积时期（$T_8^0 \sim T_4^0$），发育下-中始新统温州-瓯江组地层。该套地层相对于裂陷期地层而言，分布较为广泛，东、西部均有分布。在西部椒江、丽水及长江凹陷地层特征及界面明显，沉积厚度较大，可达 2000m；而在西部西湖凹陷由于地层埋藏较深，加上岩浆活动的影响，地层反射特征不清晰。该时期内，以滨浅海相沉积为主。第 3 幕裂陷为上始新统平湖组时期，由于太平洋板块在晚始新世（42.5Ma）俯冲的角度发生了改变，由之前的 NNW 向转变为 NWW 向，因此，这一俯冲转向导致了整个东亚大陆边缘盆地的重大构造变革，也导致了东海陆架盆地西部拗陷带内的盆地发生了抬升剥蚀，而东部拗陷带内的盆地，如钓北凹陷和西湖凹陷开始伸展裂陷，盆地的沉积和沉降中心由西向东发生了迁移。在东边拗陷带内，主要沉积了平湖组地层（图 2-1）。在始新世晚期，裂陷作用减弱，逐渐表现出拗陷沉降特点，地层广泛上超，盆地中部的断裂活动明显减弱，在西湖凹陷西斜坡断裂显示断阶状向外扩展。这一阶段具有断拗过渡期特点。

2）挤压拗陷阶段

从渐新世开始，东侧出现的向西或北西向仰冲作用，使东海陆架盆地处于左旋压扭或挤压环境；这一阶段盆地在热冷却的驱动下拗陷下沉。同时，在西湖凹陷的中央反转构造带的西侧可能存在挤压挠曲沉降作用。在挤压拗陷阶段，发生两次大规模的构造反转，分别为渐新世末期的花港运动和中中新世末期的龙井运动。东侧的强烈聚敛碰撞和

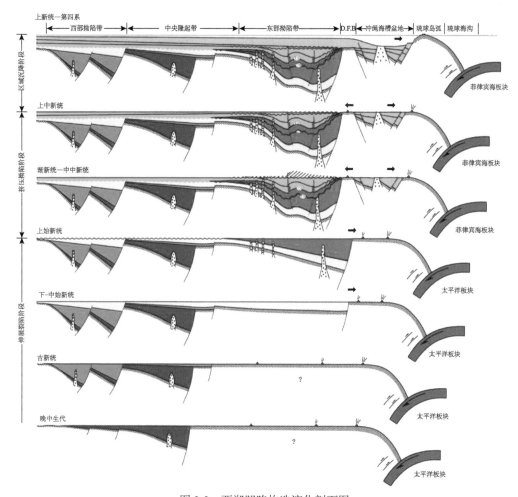

图 2-2　西湖凹陷构造演化剖面图

仰冲导致了西湖凹陷内北东向断裂受到挤压和左旋压扭作用，强烈逆冲反转，造成强烈隆升和剥蚀。构造反转自始新世末开始逐渐加强。以往的研究一般认为盆地的最大反转期为中新世末期（5.3Ma），本书经过地震剖面标定解释及区域动力学分析认为盆地的最大反转期为中中新世末期（T_2^1 界面）。这一界面在地震上表现为明显的角度不整合面，对下伏地层的削截明显。界面之下存在明显的反转褶皱构造，钻井标定对应于中新世柳浪组的底界面。区域动力学分析表明，太平洋板块和欧亚板块的汇聚速率增加，以及菲律宾海板块向北移动的过程中北端伊豆-小笠原岛弧与西南日本岛碰撞，导致菲律宾海板块向西的作用力增加可能是造成这期强烈挤压反转的最主要原因。

　　3）区域沉降阶段

　　上新世—第四纪为稳定陆架边缘盆地发育阶段。中新世末，由于冲绳海槽的扩张运动，冲绳海槽不断拉开，凹陷所受应力场由挤压应力场转变为张性剪切应力场，成为现今的弧后盆地，凹陷进入区域沉降阶段。更新世出现全球海平面上升，加速了相对海平面上升，形成了东海陆架区。全东海广泛披覆上新世三潭组和第四系东海群海陆过渡相-浅海相砂泥岩沉积，属于上构造层，沉积厚度为 1000~1800m。区域的岩浆活动则迁移到钓鱼岛隆褶带及其以东的冲绳海槽等地区。

4. 沉积相及展布

东海陆架盆地新生界发育了由古近系古新统至第四系东海群的完整沉积序列。但是，在盆地的次级构造单元上，新生代沉积体系存在明显差异。拗陷、凹陷、深凹等负向单元间、隆起、凸起、低凸起等正向单元间的新生界发育状况、同一地层组在这些构造单元的沉积岩相分布在时间和空间上存在差异。

1）古新统

早古新世开始，东海陆架盆地进入裂谷期。位于东海陆架盆地最南部的台西拗陷沉积了一套古新世海相碎屑岩系（金庆焕和周才凡，2003），此时，在台北拗陷，石门潭组二段在滨岸环境下沉积形成，是一套由粗变细的正韵律层夹海相化石。中古新世时，海平面上升，由南向北的海水不断侵入到了瓯江凹陷，海侵达到高潮，形成了开阔的浅海环境，沉积了灵峰组；后因受到瓯江运动影响，沉积凹陷开始萎缩，地势渐趋于平坦，海水逐渐向南退却，沉积了一套滨海-滨海沼泽相的上古新统明月峰组地层。此时在浙东拗陷长江凹陷则为陆相环境，沉积了半深湖-三角洲相的长江组和美人峰组。

古新统迄今为止只在由长江-钱塘-瓯江凹陷所处的西部拗陷带被钻井揭露和证实。

2）始新统

从早始新世开始，海水由南向北大量侵入，中始新世发育盆地最大一次海侵。中始新世晚期海水开始退出，到晚始新世表现更为明显。整个始新世，除长江凹陷未受海侵波及以外，其余凹陷海侵明显。下-中始新统瓯江组沉积范围广，沉积时古地形西高东低，沉积中心分别在西湖凹陷和基隆凹陷，最大厚度达 8000m，沉积相序自下而上为滨海相沉积—浅海相沉积—滨海相沉积—河流相沉积。西部拗陷带瓯江组的沉积厚度小，最厚达 1000m。瓯江凹陷瓯江组为滨海-浅海相沉积，在长江凹陷的瓯江组则为陆相河流相沉积。

中-上始新统平湖组是继中始新世后期海退序列中存在的次一级规模海进和海退变化的旋回沉积。在基隆凹陷为滨海相-浅海相沉积，在西湖凹陷为半封闭海湾相沉积。中-上始新统平湖组主要分布于西湖-基隆-新竹凹陷所处的东部拗陷带，最大沉积厚度约为 3500m，位于基隆凹陷的青草湖深凹。

3）渐新统

始新世末期发生的玉泉运动，对东海陆架盆地的沉积景观进行了大改造，裂谷盆地阶段就此结束。盆地西部的中-上始新统平湖组被剥蚀殆尽，而且还缺失渐新统—下中新统，直到晚中新世，才接受柳浪组陆相河流沉积。盆地进入反转期后，东部拗陷带的西湖凹陷和基隆凹陷接受渐新统花港组沉积。

花港组在西湖凹陷是一套河湖相沉积，最大沉积厚度位置在西泠构造带和苏堤构造带两侧，为 1800~2200m。根据西湖凹陷钻井揭示的渐新统花港组沉积特征推测，基隆凹陷渐新统可能为浅海-滨岸相沉积，最厚达 3200m。

4）中新统

以陆相为主的中新世沉积，纵向上表现为水进到水退的变化过程。早中新世为水进，以河流和滨湖相沉积为主；早中新世晚期—中中新世早期是凹陷沉积的全盛时期，以浅湖、滨湖相沉积为主，夹多层海侵层。中中新世晚期—晚中新世为水退期中的河流相沉积。

中新统虽与渐新统为连续沉积，但中新统的沉积中心位置已迁移至西湖凹陷北部，并以浅湖相为主。

东海陆架盆地西部拗陷带缺失下-中中新统，上中新统柳浪组在西部拗陷带为河流-泛滥平原相沉积。

5）上新统和第四系

晚中新世末期发生的龙井运动，再次使东海陆架盆地抬升，使地层发生褶皱变形，柳浪组遭受强烈剥蚀，古地形被准平原化，结束了热沉降阶段，整个东海进入区域沉降阶段，首先沉积了一套下粗上细的两个旋回组成的上新统三潭组。上新世早期，盆地沉积环境为河流环境，晚期为海陆过渡环境。上新世晚期的冲绳海槽运动，使盆地沉降为浅海陆棚的现今景观，并沉积了第四系海相松散沉积层。

上新统三潭组和第四系东海群分布于整个东海海域，就像一条平整的被子披盖在前中新统的新生代和中生代地层上。

5. 中生代沉积盆地的发现和意义

"八五"期间，通过二维地震剖面解释确定东海陆架盆地西部拗陷带新生界最大沉积厚度达 9000 余米；东海油气四轮对外招标前，将海礁隆起、钱塘凹陷、渔山隆起火山岩屏蔽区下覆沉积解释为古近系和新近系基底，而将没有火山岩屏蔽区沉积层解释为古近系断陷沉积。

1997 年，东海油气四轮对外招标福州 10-1-1 井、福州 13-2-1 井等先后揭示了厚层侏罗系煤系，推翻了上述解释方案及认识。"九五"期间，通过重新解释，确定该区新生代最大沉积厚度约为 5000m；之下地层应为四轮招标井钻获的中生界。该中生界反射层层速度约为 4000m/s，布格重力异常为 10～20mGal。由此为钱塘凹陷、渔山凸起、海礁凸起等原解释为古近系的沉积层序改变归属提供了依据。事实上，早在"八五"期间已经发现该套沉积的分布一直延续到鞍部地区，终止于斜坡地带，与 Tg 波明显呈角度不整合接触关系，形成所谓楔形地震反射层。不难发现，在 D425～D509 剖面上，超过百余千米二维地震剖面中均分布该套沉积（图 2-3、图 2-4）。特别重要的是，在 D509 剖面上，楔形地震反射体最尖端部位也是地层最薄弱处，其与新生代沉积形成跷跷板效应，来自地球深部的岩浆岩在此喷发，形成上部浅层大量火山岩反射体。因此，该批成果确认，东海陆架盆地西部拗陷带的武夷低隆起、闽江凹陷、钱塘凹陷、渔山凸起、海礁凸起、西湖与基隆二凹陷间鞍部地区西部的斜坡地带等并不是单纯的古近系和新近系隆起、凸起和凹陷区，而是中生界、新生界的复合隆起、凸起与凹陷分布区。之后，针对它们的研究取得了两大进展：首先是根据构造图区分出两套盆地系统，并分别进行命名和开展新的构造区划，其中，古近纪和新近纪盆地沿用上述各隆起和凹陷名称，前古

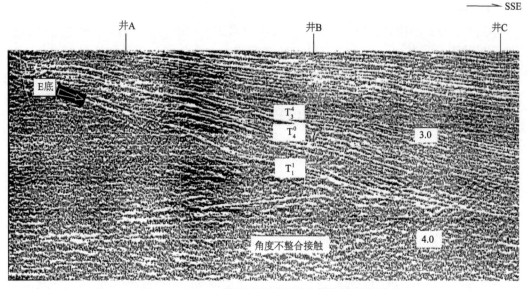

图 2-3　D509 二维地震剖面中生代沉积反射特征

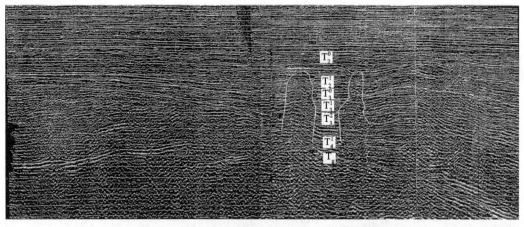

图 2-4　D425 二维地震剖面中生代沉积反射特征

近纪盆地则使用了统一的中生代盆地凹陷群称谓；其次是完成了首次资源评价。显然，当时东海陆架盆地西部拗陷带中生界沉积盆地的发现奠定了如今工作的基础，也是太平洋板块俯冲导致盆地区早期发生拉伸及裂陷作用特征、机制和结果的重要研究素材。

2.2　冲绳海槽盆地地层沉积沉降特征

2.2.1　冲绳海槽盆地海底地形地貌

　　冲绳海槽盆地是一个中中新世以来形成和发展的弧后盆地，全球在陆壳基础上发育起来的年轻边缘海盆地现今还在活动的只有冲绳海槽（图 2-5），所以冲绳海槽正处在裂陷作用鼎盛期。调查表明，冲绳海槽海底地形北高南低，水深一般大于 1000m，最大

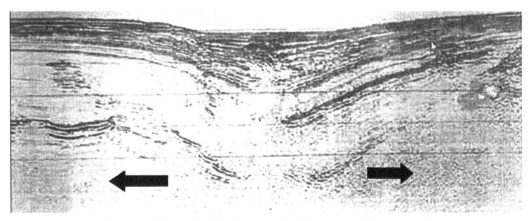

图 2-5　沿盆地中心上涌的深部物质表明冲绳海槽盆地现今开裂

根据赵金海（2001）修改

水深在海槽南部，为 2718m；海底地形地貌发育齐全，包括大陆坡、海槽和岛架 3 个单元。西侧为陆坡，地形平缓，东侧为岛坡，地形陡峭；陆坡平均宽度为 46km，东北部坡度为 1°左右，中部为 4°，西南部为 2°；海槽宽 80 余千米，主槽宽 20km，特别是在槽坡地带地形复杂，主槽两侧同生断层发育，主槽内拉张断层发育，断层为近代活动形成，直达海底，主槽两侧火成岩发育。

2.2.2　冲绳海槽盆地地层沉积

冲绳海槽盆地内沉积地层为中中新统、上新统和第四系；最大沉积厚度为 12000m。根据区域地震反射波组特征对比解释，认为冲绳海槽盆地沉积地层由老到新分别为中中新统玉泉组和柳浪组（$T_6^0 \sim T_2^0$）、上新统三潭组（$T_2^0 \sim T_1^0$）和第四系东海群（T_1^0 以上反射层）（图 2-6、图 2-7）；中中新统主要赋存于冲绳海槽盆地凹陷深凹部，包括龙潭、花果山、火焰山、灵台山等构造带。目前尚未钻探。

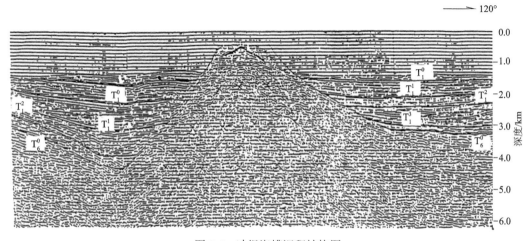

图 2-6　冲绳海槽沉积结构图

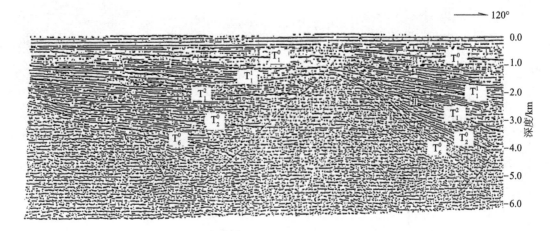

图 2-7　陆架前缘拗陷沉积结构（D800 地震剖面）

D800 地震剖面图，自左依次为陆架前缘、龙王隆起、吐噶喇拗陷

2.2.3　冲绳海槽盆地构造区划与形成演化

2001 年，周祖翼研究对比了冲绳海槽盆地周缘多个边缘海形成演化不同时期的主要特征，其中地壳厚度为 5.3～24km，热流值为 90～800mW/m^2，扩张速率为 2～22mm/a；发现多种玄武岩、岛弧火山岩，结果表明冲绳海槽盆地地壳厚度最大，处于持续扩张的幼年期阶段（表 2-3）。

表 2-3　冲绳海槽盆地与周缘边缘海海槽形成演化主要特征对比

阶段	实例	地壳厚度 /km	热流值 /（MW/m^2）	拉张速率 /（mm/a）	火成岩类型
胚胎期（初始拉张）	火山带	15±2	800	7	高铝玄武岩，玄武质安山岩，安山岩，英安岩，流纹岩
幼年期（持续拉张）	冲绳海槽	15～24	548	>10	岛弧火山岩，双峰火山岩
青年期（初始扩张）	北马里亚纳海槽	7		10～20	玄武岩，成分类似于毗邻岛弧熔岩
成熟期（成熟扩张）	中马里亚纳海槽	<7	377	16～22（半速率）	N-MORB；LIL-富集玄武岩
衰萎期（终止拉张）	日本海	6～6.5	90～95		拉斑玄武岩，具粗玄结构的玄武岩
终结期（弧后拉张）	中国南海	5.3	90～107		玄武岩

通过与陆架盆地地震资料对比解释，可知冲绳海槽盆地经历了两次构造事件作用的改造。一次是中新世末期发生的龙井运动，另一次是上新世末期发生的冲绳海槽运动。

冲绳海槽盆地构造单元也表现出明显的东西分带、南北分块特征；西部一级构造单元为陆架前缘拗陷，东部一级构造单元为吐噶喇拗陷，南部为海槽拗陷，北北东向的龙王隆起为三者构造分界线；各拗陷呈南北走向，与冲绳海槽走向一致。

2.3　台西盆地地质与烃源岩特征

台西盆地位于台湾海峡及台湾岛西部，是一个由海及陆的中新生代沉积盆地。台西盆地东部边界为屈尺—老浓断裂，北部边界为观音隆起，南部边界为澎湖—北港隆起，西部边界为浙闽隆起区，面积约 30000km^2。

台西盆地是中国海域受到菲律宾海板块运动和台湾地体独特弧陆碰撞构造运动影响最为直接的含油气盆地，表现为碰撞岛弧前锋与岛弧带地震活动频繁，发育大量活动断裂，弧后复杂地质构造作用严重破坏了盆地原型的地质构造特征，强烈的天然地震和大量活动断裂的发育对于含油气盆地的油气聚集与保存具有至关重要的作用。

2.3.1　台西盆地构造区划

长期以来，有关台西盆地构造区划的方案达十余种，许多划分方案有悖于盆地构造区划基本常理。笔者认为，台西盆地是一个独特的和独立的构造单元，属于盆地级别，其中发育的一级构造单元为拗陷（暂时缺少隆起或低隆起构造单元），次一级的为凹陷、凸起构造单元。

具体而言，台西盆地西部地区属于西部拗陷带，构造区划宜沿用中国沿海重要城市或河流名称进行拗陷及凹陷、凸起命名；台西盆地东部地区属于东部拗陷带，构造区划宜沿用台湾岛上的相关城市或河流名称进行命名。

当然，与南部珠江口盆地和北部东海陆架盆地不同的是，台西盆地东西拗陷带之间曾经被认为没有明显的隆起与低隆起的分割，其实不然，只是过渡比较自然和资料与研究程度不够而已；但是该盆地隆拗分布与形态不太像其他沉积盆地那样比较规则是其重要特点。表 2-4 是台西盆地构造区划沿革简表。

表 2-4　台西盆地构造区划沿革简表

研究者	年份	盆地西部拗陷带	盆地东部拗陷带
孙习之	1981	南日盆地澎湖盆地	台西盆地
周锦德	1989	南日盆地澎湖盆地	新竹盆地
甘克文	1982	新竹-台中拗陷	新竹-台中拗陷
上海海洋石油局	1985	观音凸起、南日岛凹陷、澎西凹陷、澎北凸起	新竹凹陷
杭州石油地质研究所	1987	新竹-台中凹陷	新竹凹陷、苗栗凸起、台中凹陷
广州海洋地质调查局	1993	晋江凹陷、澎北凸起、九龙江凹陷	新竹凹陷、苗栗凸起、台中凹陷
许红	2003	晋江凹陷、厦门凸起、九龙江凹陷	新竹凹陷、苗栗凸起、台中凹陷

2.3.2　台西盆地岩石地层特征

以地震地层学理论为依据，参考邻区钻井及露头资料，解释分析九龙江凹陷各地震反射层特征，区分为七个不整合反射界面，自上而下分别为：T_0、T_3、T_6、T_8^1、T_8^2、T_8^3、T_9 和 T_g（图 2-8）；从下往上依次为前新生代（-T_g）、古新统（T_g-T_9）、始新统（T_9-T_6），下始新统（T_9-T_8^3）、中始新统（T_8^3-T_6）、中新统（T_6-T_3）、上新统-第四系（T_3-T_0），井震对比综合柱状图见图 2-9。

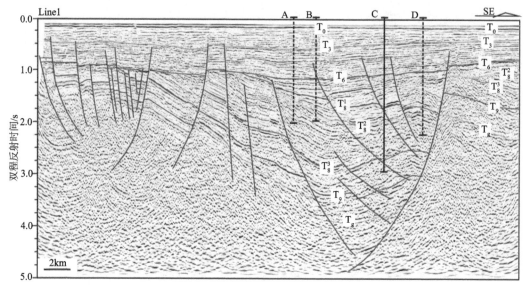

图 2-8　Line1 测线地震地层格架及地震反射特征

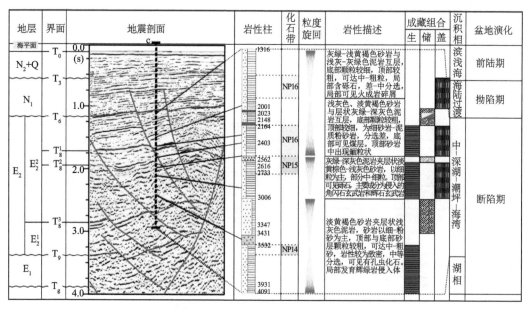

图 2-9　井震对比综合柱状图

台西盆地地层特征描述依据露头和钻井地层剖面资料，特征如下。

前白垩系：北港四口井揭示深灰-灰绿色砂岩和页岩，致密坚硬，部分含钙，无化石，厚 258m。

白垩系：在澎湖-北港隆起边缘钻遇，称云林组。岩性为灰白-灰色长石砂岩、细砂岩、粉砂岩、暗灰色页岩及褐色灰岩等，夹少量火山碎屑岩；含早白垩世纽康姆期至阿普第期瓣鳃类、菊石以及钙质超微化石。钻厚 63～1000m，上覆古新世—上新世的不同时代地层。位于北港西侧的 WH-1 井钻厚约 1000m 下白垩统，以深灰-黑色页岩（厚约 500m）和砂岩为主，夹厚约 87m 鲕状灰岩，见油迹。

福建陆域白垩系发育完整，下白垩统与下伏地层呈角度不整合接触，受晚白垩世—古近纪早期的燕山Ⅲ幕运动及之后喜马拉雅运动影响裸露地表，上部为巨厚紫红色陆相火山岩系，自下而上为黄坑组、寨下组（图 2-10）。上白垩统以丽水-政和-大浦断裂为界分带，西部发育赤石群，为新城著名的丹霞地貌（图 2-11），自下而上为均口组、沙县组、崇安组；东部火山为喷发沉积，发育石牛山组（K_2sh）。

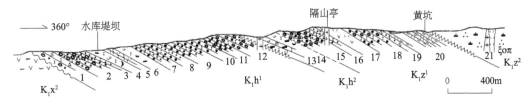

图 2-10 福清市黄坑下白垩统黄坑组实测剖面图（据 2007 年 1：25 万莆田市幅区域地质调查报告）

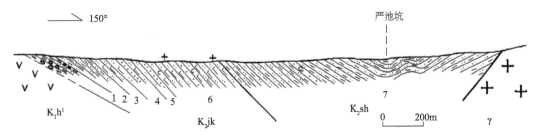

图 2-11 建宁县严池坑上白垩统均口组实测剖面图（据李兼海等，1997）

新生界：台西盆地西部拗陷带发育九龙江和晋江两个沉积中心，新生代地层厚度变化介于 400～8400m 之间；具有南、北部厚，中、西部薄特征。九龙江凹陷最大沉积厚度 8400m，东部厚、西部薄，由北西往南东方向逐渐变厚；局部受火成岩影响，地层厚度突变，最小沉积厚度小于 1400m。晋江凹陷地层厚约 1200～7200m，最大沉积厚度超过 7600m，由西往东逐渐变厚；局部受火成岩影响，地层厚度突变，最小沉积厚度小于 800m；澎北凸起新生代地层厚度较小，多介于 400～1200m 之间。

古新统：在澎湖-北港隆起边缘被揭示，称为王功组。主要由浅海相的火山碎屑岩、页岩、砂岩和少量灰岩组成，局部夹熔岩。含有孔虫化石（相当于 P_4 化石带）和钙质超微化石（相当于 NP_5～NP_8 化石带），钻遇厚度为 200～2900m。

始新统：在北港隆起及海峡东部拗陷的钻井中见到，为一套伴有较多火山物质的滨、浅海相沉积，由火山碎屑岩、页岩、砂岩、夹基性熔岩和灰岩组成，局部夹砾岩层，具有分选较好的砂岩层。在澎湖台地周围，可能由于火山物质的大量增加，该区的始新统基本上变为非海相成因的巨厚红色页岩和凝灰岩沉积（双吉组）。其中海相层含有 NP_{10}～NP_{17} 带的钙质超微化石。钻遇厚度为 100～518m。目前已在外海的 CDW-1A 井始新统砂岩中，钻获工业油气流。

渐新统：在区内东部拗陷缺失渐新统下部，渐新统上部称五指山组，其岩性为灰、灰白色厚层粗粒石英砂岩，夹薄层深灰色页岩和煤层，部分胶结疏松的砂岩为较好的油气储集层，已有油气显示。该组含 $NP_{23}\sim NP_{25}$ 带钙质超微化石，厚度为 $143\sim 1200m$，与下伏始新统或其他老地层呈不整合接触，其上为中新统整合覆盖。

中新统：于全区广泛分布，钻井揭示其为一套厚度较大的滨海-浅海相含煤碎屑岩建造，全部厚度在 $2850\sim 7850m$。具有明显的三个沉积旋回，每一个沉积旋回都由下部滨海相含煤地层和上部海相碎屑岩地层组成。每一个含煤地层厚度在 $300\sim 700m$ 之间，其岩性由灰白色砂岩、砂岩-粉砂岩-页岩薄互层、碳质页岩组成，含有厚度在 $0.3\sim 0.6m$ 之间的可采煤层 $1\sim 6$ 层；每一个海相地层一般厚度为 $500\sim 700m$，主要由深灰色页岩、粉砂岩和浅青灰色细-中粒砂岩等组成，富含海相化石。三个沉积旋回，由下而上，分别划分为野柳群、瑞芳群、三峡群三个地层单元，是目前台湾地区重要的三个含煤地层和油气储层。

上新统：为一套海相砂、泥岩互层沉积，按岩性组合和古生物特征，可划分为下部锦水组和上部卓兰组，上部地层时代已延至更新世早期。

第四系：为一套海相-海陆交互相碎屑沉积，可分为中-下更新统、中-上更新统和全新统。

2.3.3　台西盆地烃源岩特征

台西盆地存在三套烃源岩，从老到新分别为白垩系—古新统、始新统、中新统—上渐新统，这三套地层都是具有一定潜能的生油岩；它们的烃源岩地球化学特征见表 2-5。

表 2-5　台西盆地烃源岩地球化学特征统计表

时代	地层		沉积相	岩性	TOC/%	S_1+S_2 /（mg/g）	R_o/%	干酪根类型	代表井
中新世	南庄组		滨浅海相、三角洲平原相-近岸沼泽相含煤系	煤系	$0.88\sim 0.91$（0.89）				观音-1；杨梅-2
	南港组	观音山组					$0.5\sim 1.5$		白沙屯-3 锦水-76
		打鹿组		海相页岩	$0.21\sim 2.02$（0.77）			III	
		北寮组		海相页岩	$0.57\sim 0.83$（0.70）				
	石底组			煤系	$0.41\sim 1.45$（0.76）			III	观音-1；河口-4；CB-x；CB-y
	大寮组		滨浅海相、三角洲平原相-近岸沼泽相含煤系	页岩	$0.62\sim 0.76$（0.69）		$0.5\sim 1.5$	III	CB-x
	木山组			煤系	$0.50\sim 1.42$（0.88）			III	观音-1；河口-4；平镇-2；锦水-76；CB-x
渐新世	五指山组			泥岩夹煤层	$0.23\sim 1.81$（0.85）				CB-x；CB-y；山子脚-2

续表

时代	地层	沉积相	岩性	TOC/%	S_1+S_2 /（mg/g）	R_o/%	干酪根类型	代表井
始新世	双吉组	滨浅海-潟湖-海湾-潮坪	泥页岩	0.87~2.65（1.43）		0.6~1 九龙江	Ⅱ~Ⅲ	台湾中央山脉西坡
古新世	王功组	滨浅海	泥页岩	1.26~1.52（1.37）		0.6~2.4	Ⅲ	东海陆架南部温州 6-1-1
白垩世		海相和海陆交互相	泥岩和煤系	0.36~1.13（0.71）	0.128~0.64	0.62~1.69	Ⅲ	北港-2 万兴-1

资料来源：支家生，1996；刘振湖等，2006。

2.3.3.1　中生界烃源岩特征

据台西盆地新竹拗陷北港西万兴 1 井资料，下白垩统深灰色-黑色页岩 R_o 为 0.626%~1.69%，表明该井揭示早白垩世页岩处于成熟-过成熟阶段；该井下白垩统顶界深度 1420m（支家生，1996），推测生油门限深度 1400m。

从福建陆域中生代盆地来看，暗色泥岩分布广泛。其中早白垩世暗色泥页岩主要发育于闽西的坂头组（K_1b）和闽东的小溪组（K_1x）。岩性以灰、灰黑色（碳质）泥岩、泥页岩夹砂岩为主（图 2-12）。坂头组为断陷盆地湖泊相沉积，小溪组主要为山间盆地河流-湖泊相沉积。早白垩世继承了晚侏罗世的沉积格局，但局部也有较大变化。从有机地球化学指标来看，TOC 含量变化较大，其中煤系地层 TOC 为 14.06%~45.49%，平均为 31.25%；暗色（碳质）泥（页）岩 TOC 为 0.01%~1.22%，平均 0.68%（图 2-13）；干酪根类型多数为Ⅲ型，少部分为Ⅱ型（图 2-14）。R_o 总体为 2.25%~3.42%，平均为 2.61%，处于过成熟演化阶段（图 2-15）。生烃潜量（S_1+S_2）普遍较低，为 0.02~0.23mg/g，平均为 0.09mg/g。总体来看，下白垩统烃源岩大部分属中等-好烃源岩类型。

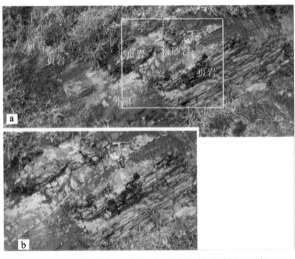

图 2-12　福建永安吉图山下白垩统暗色泥页岩

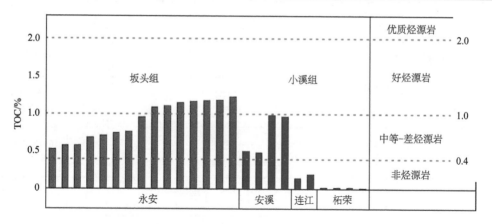

图 2-13　福建下白垩统暗色岩系有机碳（TOC）含量分布图

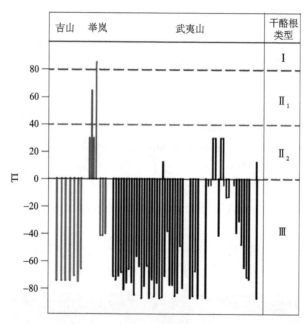

图 2-14　坂头组暗色岩系干酪根类型指数（TI）分布图

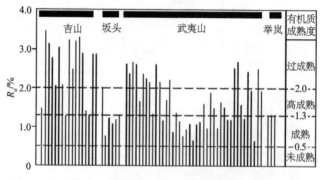

图 2-15　福建早白垩世坂头组暗色岩系镜质组反射率分布图

2.3.3.2　新生界烃源岩特征

古新统烃源岩特征：CCT-1 井资料表明，晋江凹陷东南边界外缘古新统王功组烃源岩以产气为主，厚约 500m，R_o 为 1.0%，已处于成熟阶段，有机质类型为 III 型（萧宝宗等，1991；翁荣南和吴素慧，1992）。类比推测研究区古新统可能烃源岩有机质也为 III 型，总体评价烃源岩中等-较好。从调查区地震剖面看，古新统地震反射总体呈中高频、平行-亚平行、中-高连续、弱-中强反射地震相特征。在九龙江和晋江凹陷中央局部出现的中低频、亚平行、中连续、中-弱反射（图 2-16），推测其为湖相泥岩或粉砂质泥岩，这类泥岩较纯，是较好烃源岩。

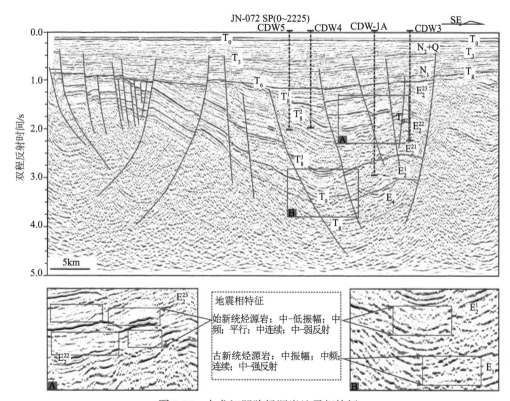

图 2-16　九龙江凹陷烃源岩地震相特征

始新统烃源岩：九龙江凹陷南部的 CDW-1A 和 CDW-3 井烃源岩有机地球化学评估指标表明（图 2-17），始新统泥岩 TOC 0.07%～7.9%，变化范围较大；其中 2100～2500m TOC 为 2.11%～7.90%，S_2 为 8.13～24.92mg HC/g rock，R_o 为 0.46%～0.59%，生产指数（PI）为 0.02～0.08。根据 HI 与 T_{max} 图版投点可以看出，该烃源岩以产油为主（图 2-18）。在地震剖面上，始新统最大厚度超过古新统，底部为中振幅较连续地震反射，可能是该区重要的生油岩之一。

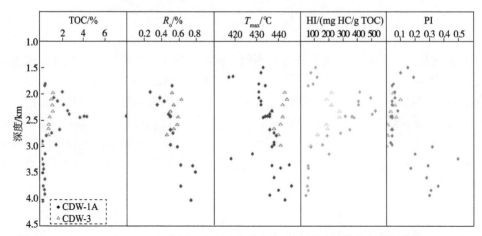

图 2-17　CDW-1A 与 CDW-3 井烃源岩地球化学指标对比图（据翁荣南和吴素慧，1992）

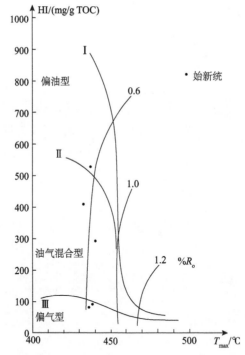

图 2-18　PA 井有机质类型及成熟度 HI 与 T_{max} 关系图（据萧宝宗等，1991）

第3章 东海盆地形成动力学

3.1 东海周缘构造环境与形成演化

3.1.1 东海周缘构造环境

中国大陆位于欧亚板块东部，夹在印度-澳大利亚板块、西伯利亚板块、太平洋板块和菲律宾海板块之间（图 3-1）；东海是中国大陆东部边缘海，属于西太平洋边缘海一环，形成演变取决于菲律宾海板块-欧亚板块近东西向的相对运动（图 3-2），可能还受印度-青藏高原相对运动远程效应的影响。因此，东海既是板块深部作用和过程的着力点，形成现今中国大陆及东海周缘板块多种构造样式，同时也是不同类型沉积盆地动力学研究的很好素材。

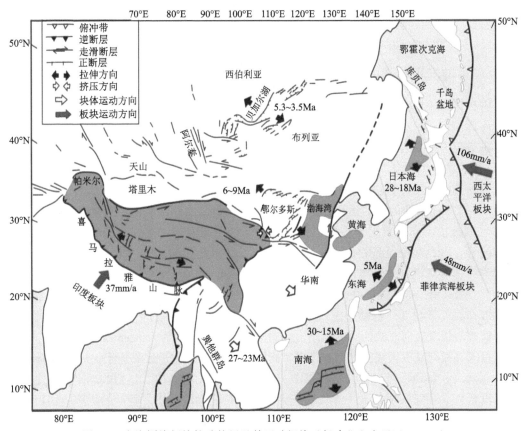

图 3-1 东海周缘板块构造格局及其运动规律（任建业和李思田，2000）

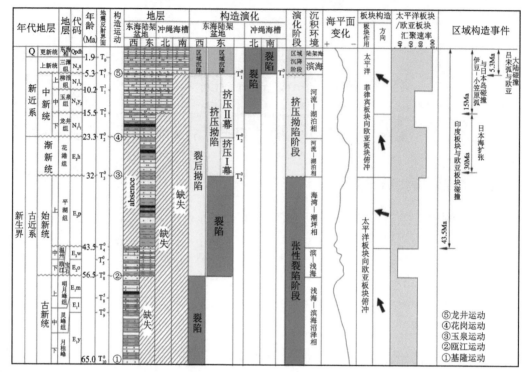

图 3-2 东海盆地地层沉积与构造演化综合分析柱状图

3.1.2 东海沉积盆地的形成

晚白垩世中国东海发生一系列板块动力学事件,对中国东部盆地裂后期的发展和演化产生深刻影响,由此导致裂后期盆地断陷幕式沉降和沉积加速,以至不同类型沉积盆地形成,这个动力学过程始于65Ma前印度板块与欧亚板块的板块边缘接触碰撞;到43Ma前,两大板块全面碰撞,同时发生汇聚速率和汇聚方向的改变;碰撞并导致亚洲板块向东南方向运动,板块位置发生区域调整,同时东亚大陆边缘发生重大板块构造运动学重组,太平洋板块的绝对运动方向由北北西向转为北西西向,并向欧亚板块正向俯冲。这种重大板块运动学重组事件引起包括渤海湾盆地在内的中国大陆东部盆地的构造和沉积响应,形成盆地内部的重要构造变革界面(任建业和李思田,2000);至25Ma前,菲律宾海板块南端逆时针方向旋转角度达40°(Hall et al.,1995)的俯冲带和澳大利亚板块北端发生弧-陆碰撞事件;至20Ma,随着澳大利亚板块与新圭亚那北部岛弧碰撞,推动菲律宾海板块向北移动和楔入到欧亚板块和太平洋板块之间;到5Ma前,向北运动的菲律宾海板块转向北西西方向运动,运动速率达48mm/a(Maruyama et al.,1997),其前锋吕宋岛弧与欧亚板块在台湾地区发生碰撞,台湾岛开始出现并逐渐形成如今的模样。

东海沉积盆地形成过程及机制复杂,且有多种不同的看法。早期的断陷作用主要涉及印度板块、欧亚板块和太平洋板块三大板块的相互运动;中、晚期的拗陷构造反转作用主要是受菲律宾海板块向东亚陆缘俯冲作用的影响,同时受周缘台湾造山带、钓鱼岛隆起、中国南海和日本海的扩张所控制(张国华和张建培,2015);而作为区域应力场调整的盆地区域渐新世—中新世构造反转,则与区域动力学过程和周缘板块深部运动过程和结果有关（张国华和张建培，2015）。

3.2　东海沉积盆地的构造演化

3.2.1　晚三叠世—早白垩世构造演化

太平洋板块向欧亚板块呈北北西向快速俯冲，印度板块相对欧亚板块呈北东向运动。在两大板块作用下，中国东部大陆边缘盆地受左旋张扭应力场发生强烈的伸展，岩浆活动规模较大，西部拗陷带接受巨厚沉积（图3-3）（张国华和张建培，2015）。

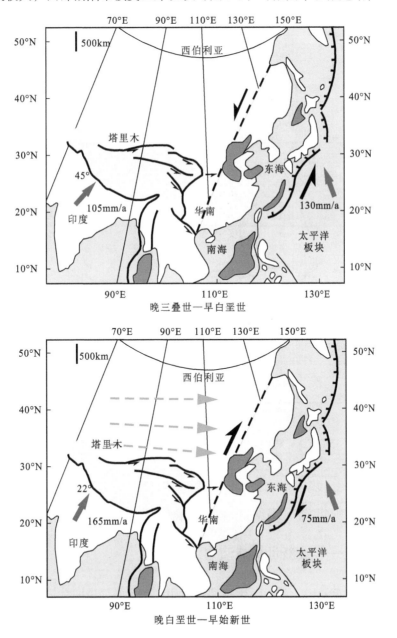

晚三叠世—早白垩世

晚白垩世—早始新世

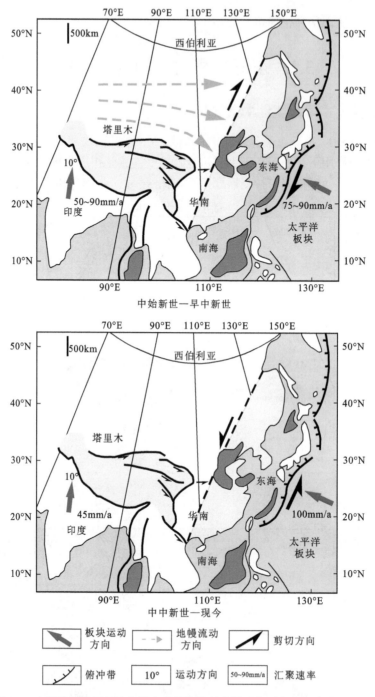

图 3-3　中新生代欧亚板块东部应力场演化示意图（张国华和张建培，2015）

3.2.2　晚白垩世—早始新世构造演化

太平洋板块俯冲方向不变，速率降低，而印度板块俯冲方向开始向北北东向转变，速率加快。中国东部地幔物质在印度板块俯冲作用下向东蠕散逃逸，形成西"挤"东"张"的表生构造特点。在右旋拉张应力场之下，形成众多北东—南西向正断层和一系列北北东向展布的裂陷。

3.2.3　中始新世—早中新世构造演化

太平洋板块略微加速转为北西向俯冲，印度板块逐渐减速转为近北向俯冲。中始新世，在太平洋板块的垂向俯冲下，东海陆架外缘隆起持续性增生隆起，渐新世初，南海初始扩张，东海陆架盆地整体进入裂陷向坳陷过程的转变。渐新世末期菲律宾海板块快速扩张，导致钓鱼岛隆褶带整体隆升，地层大面积剥蚀，火山活动剧烈，其原有面貌发生了极大的改变。

3.2.4　中中新世—现今构造演化

太平洋板块速率继续增加转为北西西向汇聚，印度板块保持原有俯冲方向且速率减小，菲律宾海板块转为北西西向，西湖凹陷再次受左旋挤压应力作用。中中新世，南部南海扩张结束，北部日本海开裂，表现为龙井运动的强烈挤压，在凹陷中央形成了巨型的背斜带。中中新世末，伊豆—小笠原弧及九州—帛琉海岭北端与日本南缘碰撞导致构造反转，日本海的扩张趋于停止。该碰撞产生的挤压力是龙井运动构造反转的应力来源，并造成西湖凹陷内构造反转强度东北大、中南小，地层剥蚀量自东北向西南减小。

3.3　西太平洋边缘海-陆架海盆地动力学

3.3.1　西太平洋边缘海-陆架海盆地深部动力学

20 世纪 80 年代至 90 年代初，我国老一辈海洋地质学家指出东海海域盆地成因演化研究的资源环境意义，讨论了边缘海-陆架海盆地组合特征及地壳性质。事实上，冲绳海槽盆地属于弧后盆地，具有大陆地壳向大洋地壳转化的特征，成因演化与菲律宾海板块俯冲有关；特别是其南部至今仍在扩张，属于大陆裂谷阶段或大陆裂谷发展最高阶段；事实上，东海陆架盆地位于大陆坡，是西太平洋边缘海-陆架海沉积盆地一环，二者的发育、分布、地壳性质及结构具有区别。

1991 年，Tamaki 和 Honza 指出西北太平洋板块的运动和晚渐新世—中中新世边缘海盆地的形成演化过程同步，分两个阶段：第一阶段为晚渐新世—中中新世，为西太平洋边缘海盆地扩张阶段，时间为 32～15Ma，其中，千岛海盆（30～15Ma）、日本海盆（28～15Ma）、四国海盆（27～13Ma）、帕里西维拉海盆（30～17Ma）、南海海盆（32～17Ma）、苏禄海盆（19～14Ma）均在这一阶段扩张形成；第二阶段为中中新世以来，即 15～13Ma 以来，这些盆地扩张停止或呈挤压关闭状态。

西太平洋边缘海盆地链发育沉积盆地 23 个，其中，相关讨论没有涉及鄂霍次克海盆地、东海陆架盆地、珠江口盆地和琼东南盆地等，尤其盆地深部动力学研究薄弱。但恰恰是在这些盆地，岩石圈及地壳隆起、减薄，大地热流值较高，与我国东部探明油气田较多的松辽盆地、渤海湾盆地、苏北盆地、北部湾盆地、莺歌海盆地都具有成因上的联系，属于典型陆架海盆地。

3.3.2　西太平洋边缘海–陆架海天然层析成像地震剖面俯冲板片信息

Fukao 等（1992）利用天然地震层析成像技术从日本海到中国南海地区完成了 A～F 6 条剖面三维层析成像（图 3-4），发现了一系列软流圈上隆区，尤其在地幔转换带中发现俯冲板片下插痕迹。

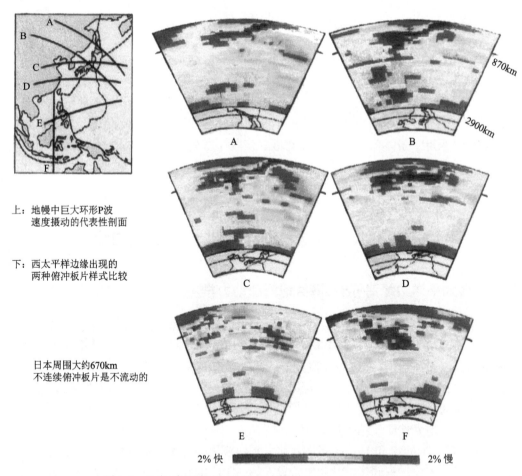

图 3-4　日本-中国南海三维层析成像剖面（Fukao *et al*., 1992）

由图 3-4 中的剖面 A～D 可见，存在明显板块俯冲和板片下插特征影像。其中，剖面 D 过本书中国东海研究区，提供了清晰板片下插和俯冲，存在流动软流圈的深部动力学形态证据。

Tamaki 和 Honza（1991）、Fukao 等（1992）、Flower 等（1998）先后研究西太平洋边缘海-陆架海形成演化及动力学，提出盆地地区流动软流圈和地幔热异常导致板块碰撞的阻挡与影响会产生两种效应：一是岩石圈俯冲带后退（或海沟后退）导致弧后扩张；二是在俯冲带后侧产生深部热异常并强化弧后裂陷的作用，结果西太平洋边缘海-陆架海包括东海沉积盆地形成。

但长期以来，即使是边缘海盆地专业研究者也难以评估西太平洋边缘海-陆架海形成演化的主导作用是来自太平洋板块的俯冲，还是来自印度洋板块和欧亚板块的碰撞，或是来自流动软流圈等深部的作用过程。但是，三者可以以地质时代进行区分是不争的事实。

王谦身等（2003）报道了中国东海边缘海和陆架海三维层析成像的板块俯冲特征影像（图 3-5）；剖面 C 位于 25.5°N，正好通过台湾岛北端和冲绳海槽盆地南部海槽拗陷弧形突出部，深部清晰的俯冲板片下插的特征影像甚是典型。

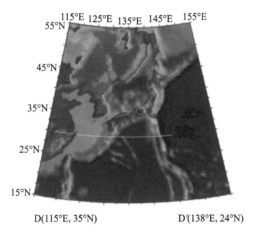

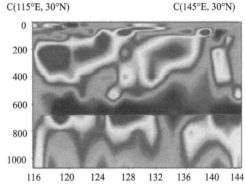

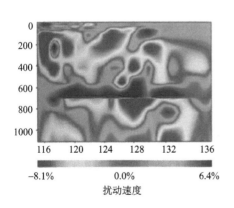

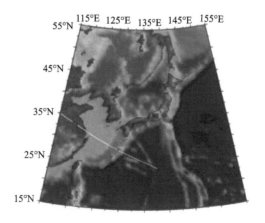

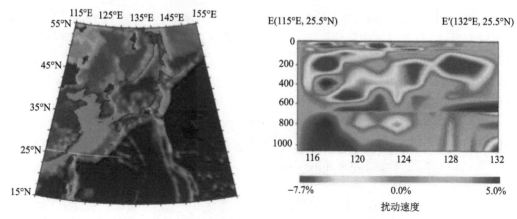

图 3-5　中国东海三维层析成像剖面（王谦身等，2003）

3.3.3　鄂霍次克海深部动力学剖面

针对鄂霍次克海盆地深部地球动力学的研究成果，以鄂霍次克海盆-千岛弧-沟体系地球动力学研究剖面及其相关文献为代表。该项成果建立在该海域大量地球物理实测资料基础之上，似乎证实太平洋板块的俯冲和来自流动软流圈等深部过程两种作用都是举足轻重的，也是东海海域深部地球动力学剖面研究可以借鉴的重要成果之一。

图 3-6 为鄂霍次克海盆-千岛弧-沟体系地球动力学研究剖面（Sergeyev，1985），可见鄂霍次克海莫霍面上隆，深度为 30～28km（与东海陆架盆地区相当）。1992 年，苏联科学院院士谢尔盖耶夫针对笔者的相关提问指出，鄂霍次克海盆地热流值为 4（HFU），高于千岛弧-沟地区热流值 2～3（HFU），其深部莫霍面上隆，沉积盆地形成的原因为上地幔软流圈向上部地壳的直接插入。

在这里，谢尔盖耶夫院士的解释没有涉及地球动力学的问题，其槽台论的"字典"里没有动力学和运动学的方法学及其相关理论的位置。事实上，盆地沉降的过程是热与动力共同决定的过程，上地幔软流圈向上部地壳的直接插入，与岩石圈破裂、地壳运动（沉降和隆起）、减薄幅度及大地热流变化具有明显相关性。

在千岛盆地地区出现至少 3 个相互区别的速度层。其中，层速度为 1.9～2.3km/s，推测可能为上新统—第四系的层速度；层速度为 3.8～4.3km/s，推测可能为中新统—渐新统的层速度；层速度为 4.6～5.2km/s，推测可能为始新统—古新统的层速度；层速度为 5.4～6.1km/s，推测可能为侏罗系—上白垩统的层速度；上地幔的层速度为 8.2km/s；软流圈凸状高速层的层速度为 7.6～8.1km/s 或 7.0±0.2km/s。

在该剖面中，玄武岩顶板深度小于 35km，上部 10km 岩石破裂，形成断层；此时西北太平洋板块向西到达千岛-堪察加海槽的俯冲带位置，长度为 120～125km，到达千岛盆地地区的俯冲带长 550km，俯冲面深度位于千岛-堪察加海槽之下约 17km。1977 年，Toksöz 和 Bird（1977）根据鄂霍次克海高热流特征，划分其为成熟的边缘海盆地。

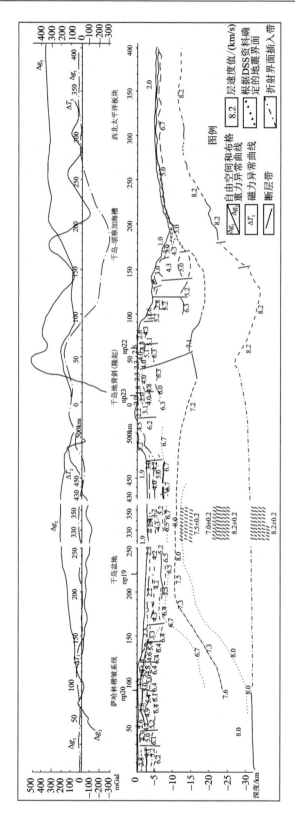

图 3-6　鄂霍次克海盆－千岛弧－沟体系动力学地震解释剖面（Sergeyev, 1985）

3.3.4 东海陆架盆地深部动力学剖面

图 3-7 为东海陆架盆地—冲绳海槽盆地—琉球海沟地球动力学研究剖面,位置如图 3-8 所示,前者横穿东海南部至琉球海沟,为海洋一期 863 双船折射技术采集解释深地震剖面,有效反射信息超过 17s。其中,发现证实西太平洋板块-菲律宾海板块西—西北向俯冲到达琉球海沟俯冲带的距离至少超过 128km,即琉球海沟俯冲面长达 128km;俯冲面深 9~12s,位于琉球海沟之下 17km;到达东海陆架盆地地区的俯冲带总长度超过 550km;东海陆架盆地主体是西湖拗陷和台北拗陷,二者分别和钓鱼岛隆褶带与冲绳海槽盆地的北段和南段相邻;特别重要的是,该剖面所揭示东海陆架盆地台北拗陷最大沉积厚度已经不是此前多年解释认为的 12km,而是 17km,这 5km 沉积地层显然属于中生界。

针对图 3-7 精细解释,划出东海陆架盆地地区至少 6 个相互区别的速度层。其中,层速度为 2.0~2.2km/s,密度为 2.06g/cm³,属于上新统—第四系;层速度为 2.5~3.0 km/s,属于中新统;层速度为 2.8~3.3km/s,密度为 2.32g/cm³,属于渐新统;层速度为 3.07~4.0km/s,密度为 2.4~2.5g/cm³,属于始新统;层速度为 4.0~5.0km/s,属于上古新统;层速度为 5.2~7.3km/s,属于下古新统—侏罗系、上白垩统;受基性岩改造的变质沉积岩密度为 2.7g/cm³;盆地区下部中性岩层密度为 2.75g/cm³,基性岩层密度为 2.8g/cm³,超基性岩层密度为 2.9g/cm³,上地幔的密度为 3.3g/cm³。

在冲绳海槽盆地区出现 5 个相互区别的速度层。其中,上部沉积层层速度为 1.8~2.0km/s,属于上新统—第四系;下部沉积层层速度为 2.8~3.0km/s,属于中新统;底部沉积层层速度为 3.4~3.9 km/s,为前古近纪岛弧的不断向东增生迁移,从古琉球岛弧西侧分离的部分,即现今钓鱼岛隆褶带,其下层速度为 6.2~6.4km/s,应为前古近系;密度为 7.0~7.2g/cm³,为上地幔。

根据图 3-9 可知,莫霍面上隆,埋深为 27~29km;向东到冲绳海槽盆地莫霍面已减薄为 26~19km,热流值为 69.5±2.5mW/m²。平均热流为 103mW/m²,最高为 458mW/m²,地温梯度为 3.5±0.5℃/100m。

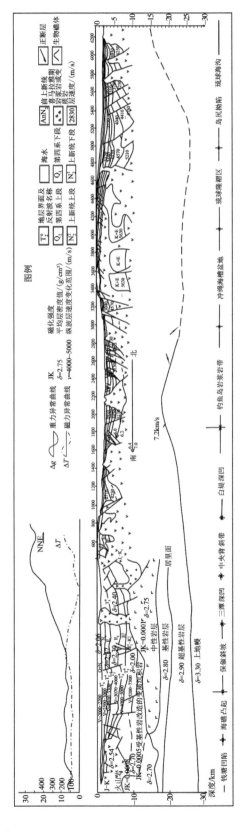

图3-7　东海陆架-冲绳海槽-琉球海沟深部动力学地震解释剖面

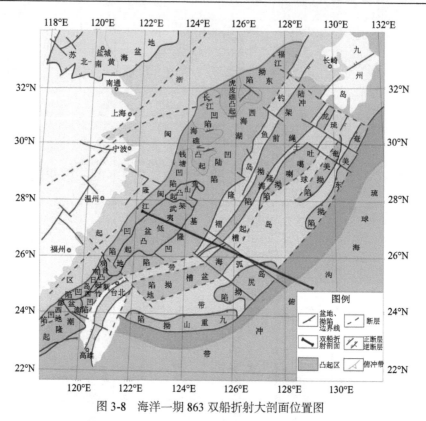

图 3-8　海洋一期 863 双船折射大剖面位置图

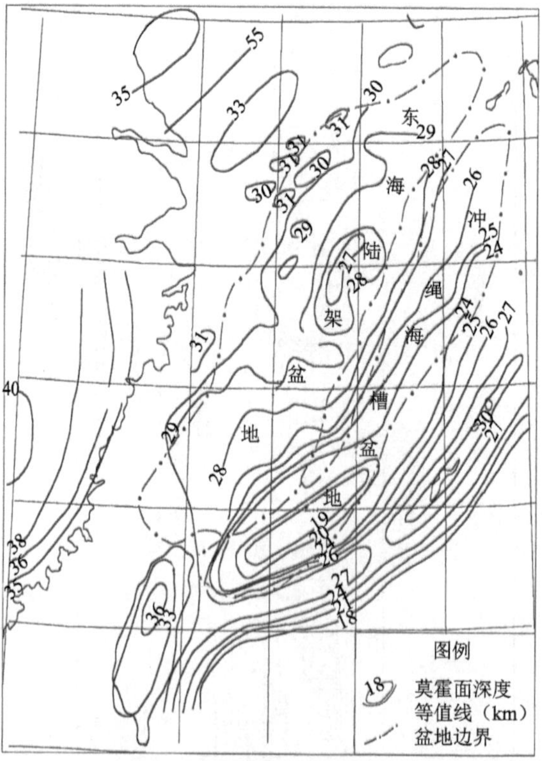

图 3-9　东海莫霍面深度图

3.4　东海盆地动力学过程与结果

由于太平洋板块、菲律宾海板块在不同地质时代不断向弧前加积，在中国东海地区落入弧后，琉球弧随着海槽扩张从钓鱼岛隆褶带剥离开来，成为弧后引张带；新老岛弧-盆地构造体系实现更替。来自岛弧的引张力在此引张带释放且无法逾越该带对陆架区盆地施加影响。但在东海陆架盆地发现西湖拗陷地壳弹性回缩，上覆沉积地层褶皱及构造抬升与剥蚀，提供了中生代以来特别是新生代晚期以来东海陆架盆地形成动力学过程及结果的特征和机制。

3.4.1　东海陆架盆地中央构造带后期构造反转

东海陆架盆地构造反转发现于西湖拗陷，称正反转构造，或"盆地反转""反向活动"或"泥岩构造"，为原沉积盆地最低部位沉积后期形态发生反方向变化产物，该正向构造主要发现于西湖拗陷北部白堤深凹和三潭深凹中央，属于后期定型的反转构造带（图 3-10）。

图 3-10　东海陆架盆地 T_2^0 构造层剥蚀和夷平地震反射特征剖面

有关东海反转构造的研究从定性到定量，涉及大量实际资料、科研报告和多篇公开性成果的论文；其都利用了西湖拗陷井震数据，确定主要构造反转期在 T_2^2 与 T_2^0 之间，相当于晚中新世；由于该时期构造反转造成的地层抬升剥蚀小于 3959m；实际计算剥蚀厚度为 491～1786m。显然，这是菲律宾海板块对东海-台湾弧陆碰撞作用导致东海陆架盆地抬升剥蚀的真实记录，是盆地动力学环境与过程的必然结果。

3.4.2　东海陆架盆地动力学成因模式

太平洋板块-菲律宾海板块的早期俯冲作用及后期碰撞作用强化和导致了东海沉积盆地早期拉伸与构造张裂，之后整体下沉事件和构造反转事件频繁，决定东海陆架裂陷盆地和冲绳海槽弧后盆地的性质，动力学模式如图 3-11 所示。

东海盆地形成演化的深部构造环境、过程和结果分为以下两种动力学机制。首先，早期太平洋板块的俯冲作用，直接造成中国东海"沟、弧、盆"体系中海沟体系后退，海沟、岛弧及弧后盆地位置不断迁移并逐渐远离大陆。近半个世纪以来油气勘探积累的大量资料证明，从东海陆架盆地西部拗陷带开始，盆地和沉积依次向东展开并孕育形成，到冲绳海槽盆地，盆地及地层时代越来越新，特别是严重影响到冲绳海槽盆地北段，其形成属于被动拉张产物。其次，后期澳大利亚–菲律宾海板块对台湾岛实现陆陆碰撞，之后弧后盆地关闭，使台湾岛以 70～80mm/a 的速度向西北方向运动，并不断对台湾岛北部陆架盆地地区产生影响；特别是影响冲绳海槽盆地南段的形成，属于主动拉张产物。图 3-10 为在东海陆架盆地二维地震剖面上大量发现的角度不整合，属于新近系之后 T_2^0 构造层，即被学术界称为东海晚中新世龙井运动四期的构造反转作用。

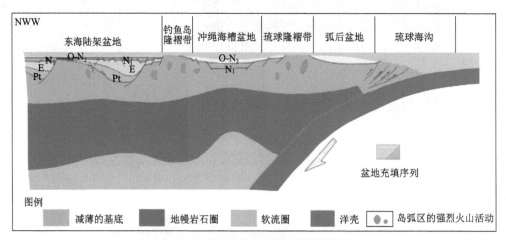

图 3-11　东海陆架盆地动力学成因模式

中国东海地区作为西太平洋边缘海盆地链的重要部分，受到新近系—第四系复杂板块运动的影响，所导致的显著大规模的板块碰撞、楔入、隆升、剥蚀和夷平的成山成盆作用，影响东海陆架盆地内油气的成藏及其再次成藏，并将进一步规定陆架区盆地尺度油气成藏动力学机制，影响位于西湖凹陷中央褶皱背斜带北部的 2100km^2 油气的形成。

西到琉球海沟的俯冲带位置，长度至少在 128km，到达东海陆架盆地区的俯冲带总长度超过 550km，俯冲面深度分布于 9～12s，即位于琉球海沟之下大约 17km。根据 SiO$_2$ 含量与玄武岩岩浆起源深度反相关关系，确定研究区岩浆来源深度为 43～50km，这一组数据与苏联科学院院士谢尔盖耶夫等针对鄂霍次克海盆–千岛弧–沟体系地球动力学剖面的研究成果及其解释结论较为接近。

将冲绳海槽深部上地幔深度向下恢复到与大陆架深度基本接近（赵金海，2001），可见现今的琉球群岛向西移动 80km，现今的冲绳海槽关闭，现今的弧前宫古盆地属于东海古大陆坡上的沉积，现今的琉球岛弧加钓鱼岛隆褶带成为东海古大陆架的一部分。由此可确定其后俯冲带内侧东海陆架盆地早期形成演化经历了盆地整体下沉事件，具有大陆边缘裂陷盆地性质。

由图 3-11 可知，太平洋板块和菲律宾海板块的俯冲–碰撞作用导致板内应力的发生，岩石圈被拉伸减薄，引起软流圈被动上拱，发生早期的张裂和下沉事件，形成盆地雏形，张裂之后出现热事件、穿隆作用与火山活动，早期的水流体系在早期的裂陷盆地中发育，形成典型陆相沉积体系，通过东海油气四轮对外招标，已在丽水 36-1 井中发现了位于盆地深部的下古新统深湖相沉积。

综上所述，研究区盆地形成演化的深部动力学背景和成因机制可以概括如下：①澳大利亚和菲律宾海板块的碰撞作用是研究区盆地形成演化的主要动力。②太平洋板块的俯冲作用是研究区盆地形成演化的主要机制。③流动软流圈和岩石圈减薄等深部过程是研究区盆地形成演化过程的主导作用，它们相辅相成的关系如图 3-12 所示。

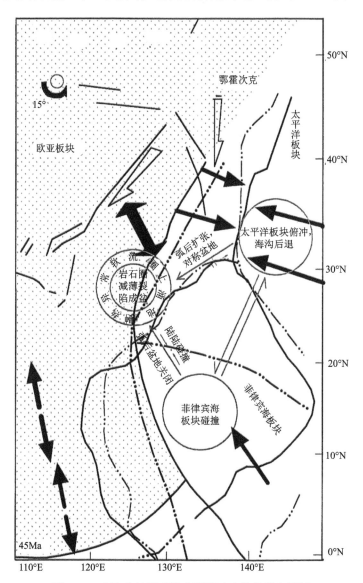

图 3-12　东海盆地形成演化深部动力学背景和机制

第4章　东海盆地玄武岩动力学地质与深部过程

时至今日，通过玄武岩讨论地幔的演化行为已经发展成一种通用的方法，但试图通过东海盆地地区玄武岩解读中国东海地幔微量元素和同位素地球化学的特征，以及结合西太平洋边缘海-陆架海盆地形成及动力学研究，来认识动力学环境、过程与结果却并不容易。原因是样品匮乏。前人曾经通过中生代—新生代玄武岩研究中国东部及含油气盆地岩石圈的厚度，马里亚纳海槽、台湾海峡澎湖列岛、冲绳海槽和日本岛弧动力学演化的行为，如西太平洋边缘海地质环境、动力学背景、板块俯冲瑞利面波层析成像、地壳结构、重磁和地震剖面综合解释的认识和中生代、新生代盆地成因机制和演化等特征，通过玄武岩和深部地震反射资料讨论东海盆地区域地幔演化的行为、动力学的特征和盆地尺度动力学模式，事实上并不多见。与我国大陆地球动力学丰富的研究成果及其相关研究认识比较，有关中国东海的研究属于薄弱环节。

玄武岩样品采自东海陆架盆地东部拗陷带 GS（孤山）-1 井和西部拗陷带 WZ（温州）26-1-1 井两口石油钻井（图 4-1），讨论涉及两井所代表陆架盆地两大拗陷区域的岩浆起源深度、地幔性质与深部过程、盆地动力学机制和模式等内容。

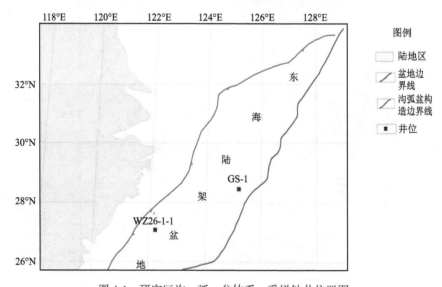

图 4-1　研究区沟、弧、盆体系、采样钻井位置图

4.1　东海盆地玄武岩岩石学与盆地动力学

4.1.1　东海陆架盆地钻井火成岩系列与岩石类型

迄今东海陆架盆地总计 10 口井钻遇火山岩浆岩，通过同位素测年或岩石化学分析

发现了 16.8 亿年前的片麻岩和 14.7Ma 的玄武岩，以及安山岩、凝灰岩和花岗闪长岩等（表 4-1、表 4-2）。

表 4-1　东海陆架盆地火山岩岩石化学成分表　　　　　（单位：%）

编号	样品	SiO_2	TiO_2	Al_2O_3	FeO	Fe_2O_3	MnO	MgO
1	浙江新生代玄武岩	49.11	2.3	13.9	6.36	4.67	0.17	7.03
2	东海陆架盆地玄武岩	50.34	1.89	14.36	7.86	1.44	0.18	6.18
3	戴里玄武岩平均值	49.2	1.84	15.74	7.13	3.79	0.2	6.73
4	浙江中新生代安山岩	59.06	0.92	16.37	3.24	3.5	0.13	2.63
5	东海陆架盆地安山岩	57.79	0.82	14.35	5.54	1.02	0.11	2.4
6	戴里安山岩	57.94	0.87	17.02	4.04	3.27	0.14	3.33

编号	CaO	NaO	K_2O	P_2O_5	H_2O^-	H_2O^+	CO_2	烧失量	总量	A.R
1	8.76	3.06	1.48	0.51	1.95			2.52	101.82	1.5
2	9.96	2.73	0.74	0.32				3.57	99.57	1.33
3	9.74	2.91	1.1	0.35	0.95	0.43	0.11		99.95	1.38
4	4.46	3.52	3.34	0.33	1.79			2.4	99.9	1.98
5	6.12	2.76	1.18	0.29				7.46	99.84	1.48
6	6.79	3.48	1.62	0.91	0.83	0.34	0.05		99.93	1.55

表 4-2　东海陆架盆地钻井岩浆岩变质岩厚度一览表

地区	井号	火山岩段/m（钻盘面起算）	视厚度/m	层位	火山岩侵入岩变质岩				碎屑岩	
					最大厚度/m	最小厚度/m	累计厚度/m	该套地层/%	视厚度/m	该套地层/%
瓯江凹陷	石门潭一井	3306～3353.21（未穿）	23/24.3	燕山期花岗闪长岩						
	灵峰一井	2489.5～2809.18（未穿）	320.18	古元古界温东群						
	明月峰一井	2927～2983.07（未穿）	56.07	燕山期花岗岩						
	温州 6-1-1 井	1325.5～1348 3529～3570（未穿）	24.5/41	中新统柳浪组						
西湖凹陷	平湖一井	2809～3204.07（未穿）	395.07	始新统八角亭组	260	30.5	390.5	98.9	4.5	1.14

续表

地区	井号	火山岩段/m （钻盘面起算）	视厚度 /m	层位	火山岩侵入岩 变质岩				碎屑岩	
					最大 厚度/m	最小 厚度/m	累计厚度 /m	该套地层 /%	视厚度/m	该套地层 /%
西湖 凹陷	平湖三井	3564.5～3705.14 （未穿）	140.64	始新统八角组	35	2.5	107	76.1	33.64	23.93
	平湖二井		407.5	始新统八角 亭组	34	1.5	265	65.0	142.5	34.97
	天外天一井	3697.5～4105 （未穿）	105.3	AnE_2	5	1.5	22	20.9	83.3	79.11
	孤山一井	4895～5000.3 1995～2012.5	17.5	中新统龙井组						

东海陆架盆地鞍部地区初阳-春晓构造带有两口井钻遇不同性质的火山岩。

（1）孤山一井在1995～2012.5m钻遇二层深灰黑色玄武岩，取心深度为1993.96～1998.68m，岩心长4.72m，取心率为100%；该玄武岩具有高钻时、高电阻、高声速、低伽马值典型特征；间夹薄层泥质粉砂岩2.5m，黑色玄武岩总计厚约15m，赋存于玉泉组顶，龙井运动三幕，中中新世。

（2）天外天一井从井深4894～4977.5m钻遇8层火山岩，总厚20.5m（表4-3）。其中一层闪长岩厚1.4m，经宜昌地质矿产研究所测试，绝对年龄为98.8±2Ma，属塞诺曼期K_2、阿尔比期K_1（97.5Ma）（Harland，1982），见表4-4。其赋存于中始新世泥岩，有超微（簇形石）、有孔虫（E_1-E_2分子）化石为依据。

表4-3　天外天一井钻遇火山岩资料表

深度/m	厚度/m	岩类	电性特征	岩性特征
4774～4775.6	1.6	安山岩	安山岩：GR 60API R_t 3～100Ω·m， $\triangle T$ 35μs/ft* 闪长岩：GR 60API R_t 60Ω·m， $\triangle T$ 60μs/ft 凝灰岩：GR 65API R_t 40～45Ω·m， $\triangle T$ 55μs/ft	安山岩：浅灰、白色，具白云母化绢云母 化帘石化，具辉绿结构，晶粒0.1～0.05mm， 见少量黄铁矿，致密坚硬 闪长石：灰黑色，成分以斜长石为主， 色深，次为角闪石、黑云母，少量辉石、 磷灰石、磁铁矿；具碳酸盐、绢云母次生 矿物，显晶结构 凝灰岩：灰绿色，成分为玻屑火山尘， 含粉砂、凝灰结构，较致密、坚硬
4798.5～4804.5	6.0	凝灰岩		
4825～4828.5	3.5	安山岩		
4830～4831.5	1.5	凝灰岩		
4840～4841.4	1.4	闪长岩		
4842.5～4843.5	1.0	凝灰岩		
4845～4849	4.0	凝灰岩		
4856～4857.5	1.5	凝灰岩		

*1ft=0.3048m。

2001年，分别对WZ26-1-1井（古近纪，三块）和孤山一井（新近纪，一块）玄武岩样品完成手标本描述（表4-5），完成岩石化学、微量元素、同位素年龄测试分析，结果见表4-6、表4-7。

表 4-4　东海陆架盆地钻井岩浆岩变质岩同位素分析数据

地区	井号	火山岩层段深度/m	钻井视厚/m	岩石类型	同位素样品岩性	样品深度/m	同位素年龄值/Ma	测定方法	测定单位
瓯江凹陷	石门潭一井	3306~3329 3329~3353.21	23 24.21	安山岩 花岗闪长岩	安山岩 花岗闪长岩	3312~3326 3348~3353	75 115	K-Ar 体积法	宜昌地质矿产研究所
	灵峰一井	2373.5~2693.18	319.68	黑色角闪斜长片麻岩	片麻岩	2429.45~2639 2693	1680	Rb-Sr 等时线法	宜昌地质矿产研究所
	明月峰一井	2927~2983.07	56.07	花岗岩	花岗岩	2982.61~2983.07	113	K-Ar 体积法	宜昌地质矿产研究所
	温州 6-1-1 井	1325.5~1348 3529~3570	42.5 41	玄武岩 黑色斜长片麻岩					
西湖凹陷	平湖一井	2809~2840.5 2840.5~3104 3104~3204.07	31.5 263.5 100.07	安山英安岩 玄武安山岩 安山质火山角砾岩	安山英安岩 凝灰岩	2866.3~2866.5 3109.39~3113.73	42.5 45.9	K-Ar 体积法	宜昌地质矿产研究所
	平湖三井	3566~3685.5	1.07	安山岩、安山质凝灰岩、岩屑玻屑熔结凝灰岩、凝灰角砾岩	安山岩、凝灰岩	3639.45 3640.44~3641.7	54.1±1.9 53.1±1.6	K-Ar 稀释法	南京地质矿产研究所
	平湖二井	3697.5~4097	265	蚀变安山岩、蚀变英安岩；英安质角砾凝灰岩、岩屑凝灰岩、英安质沉凝灰岩、英安质凝灰角砾岩	安山岩	3888~3920.5	56.5±1.4	K-Ar 稀释法	南京地质矿产研究所
	天外天一井	4895~4983	22		安山岩	4946~4949.5	98.8±2	K-Ar 稀释法	南京地质矿产研究所
	孤山一井	1995~2012.5	17.5	闪长岩、安山岩、凝灰岩、玄武岩	玄武岩、凝灰	1996.96~1998.68	14.7；31.7	K-Ar 体积法	宜昌地质矿产研究所

表 4-5　温州 26-1-1 井、孤山一井玄武岩手标本描述

样品号	取样号	井深/m	手标本描述及鉴定
1	Ⅰ-WZ	1345~1350	岩屑重 55g，新鲜断面呈浅褐色、灰褐色，见碳屑，较粗粒石榴子石，颗粒大小 0.3~0.5cm，颗粒表面具不规则细孔，质轻、较硬、可沾舌
2	Ⅱ-WZ	1330~1335	岩屑重 30g，新鲜断面呈浅褐色、灰褐色，见较粗粒石榴子石，颗粒大小 0.1~0.25cm，颗粒表面具不规则细孔，质轻、较硬、可沾舌
3	Ⅲ-WZ	1340~1345	岩屑重 100g，新鲜断面呈浅褐色、灰褐色，见较粗粒石榴子石，颗粒大小 0.25~0.5cm，颗粒表面具不规则细孔，质轻、较硬、可沾舌
4	Ⅳ-WZ	1325~1330	岩屑重 60g，新鲜断面呈浅褐色、灰褐色，见碳屑，石榴子石，颗粒大小 0.3~0.5cm，颗粒表面具不规则细孔，质轻、较硬、可沾舌
5	Ⅴ-WZ	1335~1340	岩屑重 50g，新鲜断面呈浅褐色、灰褐色，见碳屑，石榴子石，颗粒大小 0.1~0.25cm，颗粒表面具不规则细孔，质轻、较硬、可沾舌
6	Ⅵ-GS	1335~1340	不规则块状岩心重 500g，长 22cm，新鲜断面呈浅褐色、灰褐色，斑状结构，斑晶为橄榄石，含量为 10%，基质组成为拉长石 45%~50%，含钛普通辉石 30%~35%，橄榄石 2%~3%，玻璃质 5%左右，金属矿物 2%~3%；橄榄石几乎全部被蛇纹石交代；局部偶见绿泥石脉穿插；比例大、坚硬、孔隙性差，定名为橄榄拉斑玄武岩，赋存于 $T_2^2 \sim T_2^3$ 玉泉组上段，地质时代属晚-中中新世

表 4-6　玄武岩岩石化学测试数据表　　　　　　　　　　（单位：%）

统一编号	原编号	SiO_2	Al_2O_3	Fe_2O_3	FeO	MgO	CaO	Na_2O	K_2O	H_2O^+	H_2O^-	TiO_2	P_2O_5	MnO	CO_2	烧失量
2001258	Ⅰ-W₂	47.04	14.13	7.03	3.17	6.88	4.85	3.80	0.66	2.53	6.82	1.85	0.21	0.06	0.47	9.82
2001259	Ⅱ-W₂	47.44	14.10	6.48	3.94	7.41	6.20	3.56	0.57	1.98	5.38	1.75	0.21	0.09	0.36	7.72
2001260	Ⅳ-W₂	48.36	13.49	6.63	4.21	6.78	5.08	3.51	0.63	2.29	5.60	1.84	0.21	0.10	0.75	8.64
换算后																
2001258	Ⅰ-W₂	51.01	15.32	7.62	3.44	7.46	5.26	4.12	0.72	2.74		2.01	0.22	0.07		
2001259	Ⅱ-W₂	50.61	15.04	6.91	4.20	7.90	6.61	3.80	0.61	2.11		1.87	0.22	0.10		
2001260	Ⅳ-W₂	51.87	14.47	7.11	4.52	7.27	5.56	3.76	0.68	2.46		1.97	0.23	0.11		

表 4-7　温州 26-1-1 井玄武岩岩石地球化学与孤山一井微量元素测试数据表

温州 26-1-1 井地球化学测试数据				孤山一井微量元素测试数据			
样品号	Ⅰ-W₂	Ⅱ-W₂	Ⅳ-W₂	样品号	Ⅰ-W₂	Ⅱ-W₂	Ⅳ-W₂
SiO_2	51.01	50.61	51.87	岩石	玄武岩	玄武岩	玄武岩
TiO_2	2.01	1.87	1.97	Sc	23.87	25.22	18.32
Al_2O_3	13.32	15.04	14.47	V	224	189	166
Fe_2O_3	7.62	6.91	7.11	Cr	220	140	66
FeO	3.44	4.2	4.52	Co	54.66	34.25	26.04
MnO	0.07	0.1	0.11	Ni	191.28	63.30	41.98
MgO	7.46	7.9	7.27	Cu	86.53	52.58	67.88
CaO	5.26	6.61	5.56	Zn	124.45	99.69	69.00

温州 26-1-1 井地球化学测试数据				孤山一井微量元素测试数据			
样品号	I-W₂	II-W₂	IV-W₂	样品号	I-W₂	II-W₂	IV-W₂
Na_2O	4.12	3.8	3.76	Ga	21.87	20.03	19.02
K_2O	0.72	0.61	0.68	Rb	2.78	18.25	29.88
P_2O_5	0.22	0.22	0.23	Sr	720	744	764
H_2O^+	2.74	2.11	2.46	Y	28.71	28.11	19.79
CO_2	0.47	0.36	0.75	Zr	151	110	179
Total	98.46	100.34	100.76	Nb	22.70	18.31	49.30
Mg#	0.56	0.57	0.54	Ba	302	641	893
Q	3.93	3.35	7.52	La	21.58	13.07	35.40
Or	4.25	3.60	4.02	Ce	45.63	28.38	66.73
Ab	34.85	32.14	31.81	Pr	5.77	3.92	7.75
An	21.18	22.17	20.59	Nd	24.45	17.91	29.63
Di	0.39	5.37	0.58	Sm	5.83	4.88	5.83
Hy	18.40	17.18	17.84	Eu	2.04	1.88	2.08
Mt	5.49	8.44	9.22	Tb	0.95	0.84	0.76
Hm	3.83	1.09	0.75	Gd	6.14	5.46	5.29
Il	3.82	3.55	3.74	Dy	5.19	4.96	3.83
Ap	0.52	0.52	0.54	Ho	1.01	1.00	0.73
Cc	1.07	0.82	1.71	Er	2.56	2.69	1.92
An	37.80	40.82	39.30	Yb	1.90	2.17	1.57
A/wt%	20.72	18.83	19.02	Lu	0.28	0.34	0.23
F	47.35	47.44	49.83	Hf	3.36	2.78	3.69
M	31.93	33.73	31.15	Ta	1.37	1.25	2.95
A/mol%	24.54	23.27	24.03	Pb	3.32	1.71	3.49
C	27.75	30.97	29.14	Th	2.45	1.34	5.06
F	47.71	45.76	46.83	U	1.04	0.35	1.40

分析结论：岩石定名为石英拉斑玄武岩；岩石系列为钙碱性系列。

1996 年，宜昌地质矿产研究所利用体积法对孤山一井玄武岩岩心（取样深度分别为 1994m、2003m）样品进行了岩石性质分析，定名为拉斑玄武岩，对该岩心样品进行全岩测试，测得年龄分别为 31.7Ma 和 14.7Ma，属渐新世（玉泉运动三幕，T_3^0）、中中新世末（龙井运动三幕，T_2^2）岩浆活动期产物。

4.1.2　东海陆架盆地油气钻井玄武岩盆地动力学信息

通过岩石薄片鉴定分析发现典型玄武岩结构。

通过岩石化学分析得到 SiO_2 质量分数，为 50.61%～51.87%（表 4-6），属基性岩范围值。在 SiO_2-K_2O+Na_2O 关系图（图 4-2）中，样品成分点明显落入玄武岩区，由 CIPW

标准矿物计算结果发现均有 Q、Hy、An 等分子，无 Ol 及其他 SiO_2 不饱和矿物，综合岩石定名为石英拉斑玄武岩。它们的 $Mg^\#$ 值较高（0.54～0.57），表明其主要代表部分为熔融作用的产物，受分异结晶作用的影响不明显。三个岩石样品在 SiO_2-K_2O 关系图（图 4-3）中，成分点集中，显示为钙碱性系列的特征。

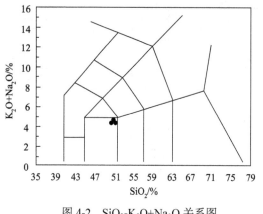

图 4-2　SiO_2-K_2O+Na_2O 关系图　　　　图 4-3　SiO_2-K_2O 关系图

4.2　岩浆的起源深度与岩浆温度

邓晋福等（1988）根据高温高压熔融实验和熔浆-矿物平衡热力学计算的资料，拟合出 SiO_2 含量与玄武岩岩浆起源深度反相关关系图；与此相对应，本书分析获得样品 SiO_2 平均含量为 50.61%～51.87%，所对应平衡压力为 13～14.0kbar（1bar=10^5Pa），相当于 43～46km 的岩浆来源深度。但是，由于所分析玄武岩的 $Mg^\#$ 低于原生岩浆特有值，表明它应当属于具有一定演化程度的进化岩浆。但是，根据玄武岩的 SiO_2 含量估算得到的岩浆来源深度（43～46km）仅能够代表地幔熔融岩浆形成的最小深度。根据现代地球物理资料，东海陆架盆地地区岩石圈厚度为 50～55km。如果该深度能够代表当时的岩石圈厚度，基于玄武岩浆主要来自岩石圈与软流圈接合部位的考虑，则可认为当时的原生岩浆来自 43～55km 深部。

这个深度相对于下辽河凹陷岩浆起源深度的 67km、黄骅凹陷岩浆起源深度的 59km，以及苏北凹陷岩浆起源深度的 56km 要小（表 4-8），反映了东海陆架盆地东部拗陷带和西部拗陷带软流圈顶面上升的大趋势。

Kytamhn 1966 年研究得出，玄武岩浆的橄榄石结晶温度可由关系式 T（Ol）=1056.6+17.30×MgO 来计算。钻井样品的平均 MgO 含量为 7.54%，计算得到橄榄石结晶温度为 1187℃。橄榄石的结晶温度代表其开始结晶时的液相线温度，而正常的岩浆起源温度通常要高出其结晶时的液相线温度 100～200℃，因此推断的岩浆起源温度为 1287～1384℃。43～55km 岩浆起源深度能对应如此高的岩浆起源温度，表明地幔软流圈的强烈上涌与抬升，即岩石圈强烈减薄，这种减薄通常与盆地的形成相对应。由温度-压力关系分析可知，所反映和可确定的拉伸量接近 3，与我国东部其他地区中生代、新生代火山岩相比较，可认为东海陆架盆地东部拗陷带在玉泉运动三幕（T_3^0）岩浆活动期的拉伸作用是非常明显的。

表4-8 渤海湾盆地古近纪玄武岩岩浆起源条件统计分析

地区		起源深度			部分熔融程度			橄榄石结晶温度	
		SiO_2/%	$P/10^8Pa$	深度/km	K_2O熔融/%	P_2O_5熔融/%	平均熔融/%	MgO/%	T_o/℃
下辽河	E_2s_4	44.26	23	76	1.2311	0.5112	11.5	8.63	1206
	E_2s_3	45.76	21	69	1.558	0.4713	10.5	8.04	1196
	E_3s_1	47.69	18	59	2.246	0.4912	9.0	6.98	1177
	E_3d	46.93	19	63	2.106	0.5611	8.5	7.12	1180
黄骅	Ek	47.16	19	63	1.3310	0.4214	12	7.68	1189
	Es	47.37	18.5	61	1.499	0.5810	9.5	7.51	1187
	Ed	47.53	18	59	1.1312	0.4414	13	8.00	1195
	Nd	48.88	16	53	1.0812	0.4214	13	7.59	1194
济阳	E	47.85	17.5	58	1.0213	0.3915	14	5.59	1153
苏北	E	48.72	17	56	0.9614	0.4613	13.5	7.09	1179
北京	E	49.71	14.5	48	0.7717	0.3816	16.5	6.49	1169

4.3 岩浆源区地幔性质与深部过程

石油钻井玄武岩岩心微量元素（表4-7）具有独特特征。根据原生玄武岩的微量元素标准，晚期的张剪性应力场可以反映地幔岩浆来源区的性质。玄武岩样品的$Mg^\#$值（0.54～0.57）与池际尚（1988）所提供的标准相近，说明这些样品可以基本代表原生岩浆的岩石；但又有所区别，但在测试的样品之中，Ⅰ-W2与Ⅱ-W2的代表性比Ⅳ-W2更强。微量元素Ni含量从Ⅰ-W2的191.28×10^{-6}依次减少，在Ⅳ-W2中仅为41.98×10^{-6}；在REE配分图（图4-4）和微量元素蛛网图（图4-5）中，Ⅳ-W2也表现出比其他测试样品更具演化的行为。微量元素蛛网图（图4-5）可见所有不兼容微量元素值均明显高于原始地幔值，反映地幔的交代作用性质，且无Nb、Ta、Ti、Zr等高场强元素（HFSE）正异常或负异常。在Ba/Nb-La/Nb相关图中（图4-6），测试样品的成分点落在岛弧火山岩与具Dupal异常特征洋岛玄武岩区之间，并与原始地幔的分布特征相近，反映了来自深地幔柱、引起岩石圈-地幔柱的相互作用和地球动力学特征在岩石圈减薄、盆地裂陷作用过程中占据了重要位置。

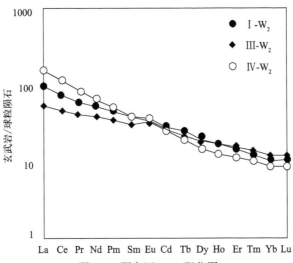

图4-4 研究区REE配分图

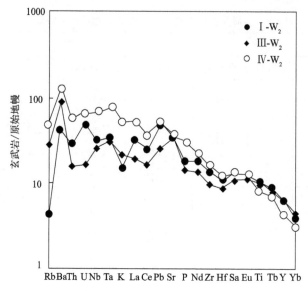

图 4-5　研究区微量元素蛛网图

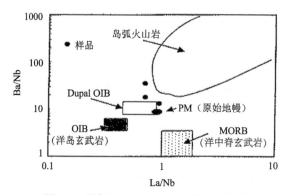

图 4-6　研究区 Ba/Nb-La/Nb 相关关系图

4.4　深部地幔流体性质和演变的同位素体系证据

4.4.1　Sm-Nd 同位素体系

两个拗陷石油钻井岩心（屑）玄武岩的 $^{143}Nd/^{144}Nd$ 现代测试值分别为 0.512841 和 0.512886（表 4-9）。该数值明显高于中国东部古生代地幔橄榄岩的 $^{143}Nd/^{144}Nd$ 测试值，后者为 0.511406～0.512290，但低于新生代玄武岩中橄榄岩的 $^{143}Nd/^{144}Nd$ 测试值，为 0.51287～0.51295。

在中国东部，古生代存在的冷厚岩石圈所表现出来的富集地幔端元 2（EM2）特征的源区，在新生代古近纪时被由强烈亏损玄武岩质组分的亏损地幔端元（DMM）所取代。两个拗陷石油钻井岩心玄武岩的 Nd 同位素值介于古生代与新生代深源岩石，表明当时的岩浆源区具有古生代向新生代转型的双重特征。

表 4-9　Rb-Sr、Sm-Nd、Pb-Pb 同位素测试数据

样品号	$^{143}Nd/$ ^{144}Nd	$\pm2\sigma$	$^{147}Sm/$ ^{144}Nd	$Nd/10^{-6}$	$Sm/10^{-6}$	$^{208}Pb/$ ^{204}Pb	$\pm2\sigma$	$^{207}Pb/$ ^{204}Pb	$\pm2\sigma$	$^{206}Pb/$ ^{204}Pb	$\pm2\sigma$
Hx-1	0.512841	6	0.1498	18.92	4.69	38.843	0.008	15.638	0.003	18.492	0.004
Hx-2	0.512886	6	0.1576	14.91	3.89	38.445	0.003	15.565	0.001	18.209	0.001

4.4.2　Pb-Pb 同位素体系

两个拗陷石油钻井岩心（屑）玄武岩的 $^{206}Pb/^{204}Pb$、$^{207}Pb/^{204}Pb$、$^{208}Pb/^{204}Pb$ 测试分析值分别为 18.492、18.209 和 15.638，以及 15.565、38.843 和 38.445。在 Pb 同位素特征上，它们与古生代金伯利岩中捕房体的 $^{206}Pb/^{204}Pb$、$^{207}Pb/^{204}Pb$ 和 $^{208}Pb/^{204}Pb$ 测试值（其变化范围分别是 18.145~19.627、15.529~15.856 和 38.259~39.467）没有明显的差别（郑建平，1999）。

通过上述分析，已可认识新生代玄武岩中的基性麻粒岩、辉石岩 Pb 同位素组成有很大的变化范围，其 $^{206}Pb/^{204}Pb$、$^{207}Pb/^{204}Pb$、$^{208}Pb/^{204}Pb$ 值均低于古生代的地幔样品，分别为 15.822~18.683、15.23~15.569 和 36.213~38.744。因此，东海两个拗陷石油钻井岩心玄武岩样品在 Pb 同位素组成特征上与古生代地幔岩浆来源样品具有较明显亲和性。

在 Nd-Pb 同位素体系中，两个拗陷石油钻井岩心玄武岩的投点总是在多元地幔（EM1-EM2-DDM）混合区中，进一步显示交代混合的地幔在这两个钻井区玄武岩样品形成中的地位，这种新生的地幔物质主要来自深部软流圈的上涌。其中，既有古老的地幔物质存在，又有新生的地幔物质参与，说明研究区地壳深部流体活动十分频繁。

4.5　东海盆地形成动力学研究的主要认识

综合上述，东海盆地形成动力学研究的主要认识如下。

4.5.1　东海盆地形成动力与主导作用

板块早期的俯冲作用与后期的碰撞是东海盆地形成的主要动力，流动的软流圈、岩石圈减薄等深部过程是东海盆地形成演化的主导作用。

研究证实，东海陆架盆地变浅的岩浆源区深度，石英拉斑玄武岩分异，进化的原生岩浆和大幅减薄的岩石圈，导致高热流的后果，并在盆地区实现早期裂陷，构成新生代早期封闭的深湖相沉积环境，并决定其中具有较高的成烃转化效率；后期，又先后叠加了印度板块对欧亚板块俯冲的远程效应，包括来自澳大利亚-菲律宾海板块对台湾岛陆陆碰撞作用的影响，它们的综合作用决定和构成东海盆地形成的动力及其主导的作用。

4.5.2　玄武岩岩浆起源深度、压力和温度

发现东海盆地石油钻井玄武岩样品岩石类型为石英拉斑玄武岩；计算获得其中橄榄石结晶温度为 1187℃，据此推断岩浆的起源温度为 1287~1384℃，综合确定岩浆的起

源温度实际应为 1287～1384℃；岩浆起源的对应压力为 13.0～14.0kbar，代表地幔熔融岩浆形成的最小深度为 43～46km，根据地球物理资料证实东海陆架盆地岩石圈厚度为 50～55km，则说明原生岩浆来自 43～55km，说明地壳深部流体活动频繁，导致东海陆架盆地岩石圈厚度大幅减薄。

4.5.3 东海陆架盆地东部演化更具代表性形成混合型地幔

发现不同的玄武岩样品具有不同的演化行为及程度；REE 配分图，微量元素蛛网图代表的东部拗陷带孤山一井样品都表现出比其他测试样品更具演化的行为。

Pb 同位素在组成特征上与古生代的地幔岩浆来源具有较明显的亲和性，Nd 同位素值介于古生代与新生代深源岩石之间，表明当时的岩浆源区具有古生代向新生代转型的双重特征。

所有测试样品的成分点落在岛弧火山岩与具 Dupal 异常特征洋岛玄武岩区之间，并与原始地幔的分布特征相近，所有的不兼容微量元素值均明显高于原始地幔值，反映地幔的交代作用性质，并且无 Nb、Ta、Ti、Zr 等高场强元素（HFSE）正异常或负异常，反映了来自深地幔柱、引起岩石圈-地幔柱的相互作用和地球动力学特征在岩石圈减薄、盆地裂陷作用过程中所占据的重要位置；特别是新生的地幔物质主要来自深部软流圈的上涌，其中既存在古老的地幔物质，又有新生的地幔物质参与，表明东海陆架盆地区域发育典型的交代混合型地幔。

第5章 东海陆架盆地构造框架与花港组含油气性

东海盆地发育三组构造线，分布呈北东—北北东向、北西向和近东西向。北东—北北东是区域构造走向，与我国大陆海岸线和琉球群岛的走向基本一致；北西走向构造线是与前者有关的断裂，以平移大断裂为主；近东西走向构造则与新生代基底构造层内部平移断层有关。

晚白垩世以来，东海发生基隆运动、瓯江运动、玉泉运动、龙井运动和冲绳海槽运动五次较大的构造运动。其中，晚白垩世基隆运动、始新世末玉泉运动和中新世末龙井运动将东海陆架盆地新生界三分，构成裂谷期、反转期和区域沉降期演化期。相应沉积表现为充填—超覆—披盖特点，构造和沉积属晚白垩世—第四纪，逐渐向东变新和"向海迁移"。

5.1 东海海域及盆地区域大地构造单元

5.1.1 东海海域大地构造单元

"东西分带"是东海海域一级大地构造单元突出的特征，如前述，从西向东，形成 5 个一级构造单元，分别是浙闽隆起区、东海陆架盆地、钓鱼岛隆褶带、冲绳海槽盆地和琉球隆褶区，构成"三隆二盆"格局。

5.1.2 东海沉积盆地及其构造单元

东海陆架海域形成陆架盆地，在陆缘海域形成海槽盆地，分别称东海陆架盆地与冲绳海槽盆地。前者是中国海域面积最大的新生代沉积盆地，面积达 26.7 万 km^2，最大沉积厚度超过 15000m，是一个晚白垩世开始形成的新生代裂陷盆地，盆内新生代地层发育齐全，构造走向呈北北东—北东向，且经过多次构造运动改造，具有裂谷—反转—区域沉降的过程。

5.1.3 东海陆架盆地及其构造单元

"南北分块"是东海陆架盆地一级构造单元的特征，自北向南分别形成 3 个拗陷：福江拗陷、浙东拗陷和台北拗陷。次级二级构造单元分布其间，含 6 个沉积凹陷及 4 个凸起，包括台北拗陷的瓯江凹陷、闽江凹陷、基隆凹陷共 3 个凹陷及鱼山凸起和武夷低凸起；浙东拗陷的西湖凹陷、长江凹陷、钱塘凹陷 3 个凹陷及虎皮礁和海礁 2 个凸起（图 5-1）。6 个沉积凹陷的沉积体系有规律地呈带状分布，可划分为东西两个拗陷带，即由福江凹陷、长江凹陷、钱塘凹陷、瓯江凹陷、闽江浅凹组成的西部拗陷带，以发育古新统为特征，一般缺失渐新统、下中新统龙井组和上中新统柳浪组；由西湖凹陷和基隆凹陷组成的东部拗陷带，以中-上始新统、渐新统发育和中新统发育完整为特征，其

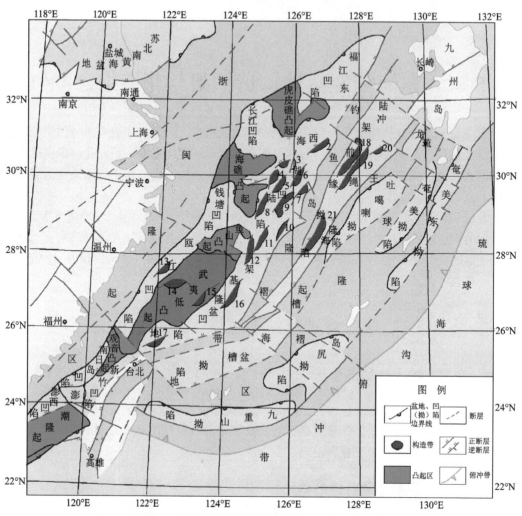

图 5-1　东海陆架盆地与冲绳海槽盆地构造区划图

1. 迎翠轩构造带；2. 玉皇构造带；3. 柳浪构造带；4. 木香榭构造带；5. 广意亭构造带；6. 龙井构造带；
7. 北高峰构造带；8. 平湖构造带；9. 西泠构造带；10. 灵隐构造带；11. 苏堤构造带；12. 初阳构造带；
13. 温东构造带；14. 雁荡构造带；15. 台北构造带；16. 苏花构造带；17. 大屯构造带；18. 龙潭构造带；
19. 花果山构造带；20. 火焰山构造带；21. 灵台山构造带

最大新生界沉积厚度达 15000m。由此可见盆地不均一性及分隔性。

东海陆架盆地具有明显的断陷、拗陷两类沉积结构。东部拗陷带以箕状结构为主，"拗陷"不发育，在张应力作用下形成；发育形成下部前上始新统断陷、上部拗陷的双重沉积结构（图 5-2、图 5-3）。西部拗陷带相似，下为断陷型沉积，向上为不受断裂控制的拗陷型结构。这种向拗陷型的转化反映了盆地由裂谷、弧后盆地张应力向反转期压应力的动力学过程，形成了正断层、反转断层、挤压构造、张性构造等断裂和局部构造，呈带状展布。由此，形成与主构造线走向基本一致的次一级构造单元，如西湖凹陷，自西向东形成保俶斜坡、三潭深凹、浙东中央背斜带、白堤深凹陷和天屏断裂带 5 个次级构造单元。

不难发现，正是盆地动力学过程的这种不同与差异导致了东海海域盆地不同构造单元的差异，同时决定了盆地区域不同构造单元含油气性的差异。

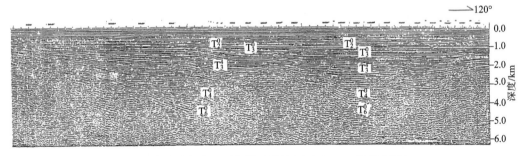

图 5-2　东海陆架盆地西部拗陷结构剖面（D228 地震剖面）

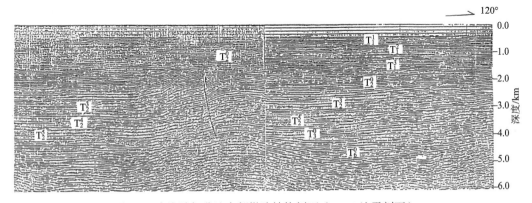

图 5-3　东海陆架盆地东部拗陷结构剖面（D608 地震剖面）

5.1.4　东海陆架盆地两大油气发现凹陷

在瓯江凹陷，钻井发现油气主要存在于古新统，在基底片麻岩内（灵峰一井）也获得了少量原油。古新统既是西部拗陷带油气储集体，又是源岩。凹陷的斜坡部位和构造带是油气的聚集地带。

在西湖凹陷，西部斜坡带和中部背斜带是油气的主要富集地带，已发现的平湖、春晓、宝云亭、天外天等油气田均分布在这两个凹陷中的正向构造单元内。储集层主要为始新统平湖组和渐新统花港组砂岩，中新统龙井组和玉泉组砂岩中尽管有油气显示，但未获得工业性油气流。烃源岩主要为始新统平湖组泥岩和煤层。油气藏埋藏于中深层的 2000～4000m，最新还发现大于 5000m 的；压力系统包括正常压力和异常高压；流体性质较为复杂，类型较多，但以凝析气为主，其次是干气与黑油。

5.2　东海西湖凹陷花港组层序地层及大型砂体发育模型

西湖凹陷是东海陆架盆地中东部拗陷的一部分，东邻钓鱼岛隆褶带，西邻海礁隆起，向北、向南分别与福江凹陷和钓北凹陷相接，其地理位置为 124°27′～127°00′E、27°30′～30°59′N，总体呈北东走向。该区海底平缓，水深为 70～100m。西湖凹陷长 400 多千米，宽 100 多千米，总面积约 5.18 万 km^2，是东海陆架盆地中规模较大的新生代含油气凹陷。

王丽顺和陈琳琳（1994）、孙思敏和彭仕宓（2006）、赵省民等（2007）、翟玉兰（2009）、胡明毅等（2010）、张建培等（2012）等学者研究认为渐新统花港组为挤压拗陷盆地充填沉积，归属 1 个二级层序，包括花上段和花下段 2 个三级层序。

5.2.1　等时层序界面识别及对比

西湖凹陷花港组沉积充填中的主要等时界面识别的主要依据包括：①地震反射结构特征，如削顶或冲刷充填造成的不整合关系，地层沉积上超造成的不整合关系，底超和顶超，强振幅反射同相轴所显示的上下地层的截然差异等；②合成地震记录中层速度高差异特征；③岩心和岩屑录井，测井曲线（包括倾角测井）的形态和突变变化特征；④沉积体系域演化，主要表现为准层序叠置和组合样式差异，如下部进积准层序组与上部退积准层序组之间存在一层序界面。

根据地震和钻测井资料，识别出了渐新统花港组的主要层序界面，并明确了各层序界面的地质含义。根据以上识别标志，在西湖凹陷花港组中可识别出以下层序界面。①一级层序界面 1 条：花港组底界（对应地震反射界面 T_3^0），主要为盆地级区域古构造运动面-区域沉降侵蚀不整合面。②二级层序组界面 1 条：花港组顶界面（T_2^0），为拗陷级准区域不整合面-区域抬升不整合侵蚀面（构造转换面）。③三级层序界面 1 条：花上段与花下段的分界面层面（T_2^1），为局部构造运动面或相转换面或区域气候转换面。各界面的主要特征如下。

一级层序界面——T_3^0 界面：其为花港组底界面（图 5-4）。该界面为一区域沉降侵蚀不整合面，由玉泉运动形成的弧后裂陷盆地向挤压拗陷盆地的转换界面。地震剖面上，该界面在深凹带可见深切侵蚀，向东西两侧斜坡带具明显的上超特征。

二级界面——T_2^0 界面：其为花港组顶界面，该界面为一区域抬升不整合侵蚀面（构造转换面），对应于花港运动事件。地震剖面上可见削截、上超特征。

三级层序界面——T_2^1 界面：其为花下段与花上段的分界面，该界面为幕式挤压沉降导致湖平面快速下降形成的侵蚀-相转换面，地震剖面上表现为界面上部可见上超现象，深凹内局部侵蚀下切现象。

层序界面在 GR 测井曲线上表现为突变型。岩性上花港组底界面表现为上覆河道沉积冲刷突变接触下伏平湖组细粒泥质沉积，花港组顶界面表现为上覆龙井组河道砂岩冲刷突变接触下伏花港组细粒泥质沉积。花上段与花下段界面表现为花上段河道冲刷接触下伏细粒泥质沉积（图 5-5）。

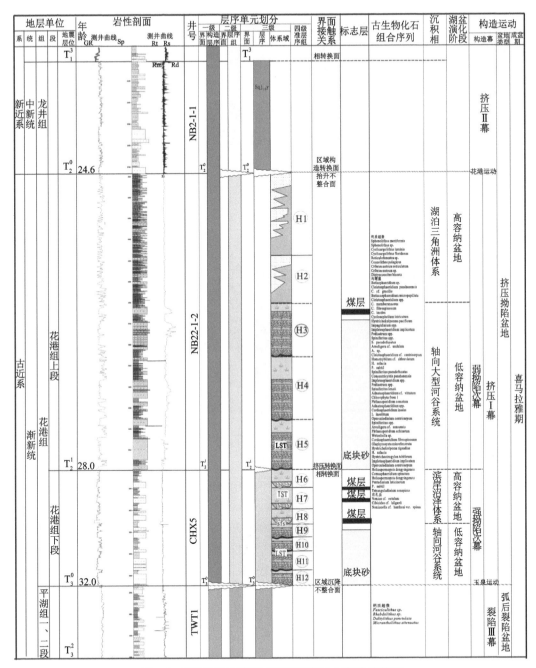

图 5-4　西湖凹陷渐新统花港组层序地层综合柱状图

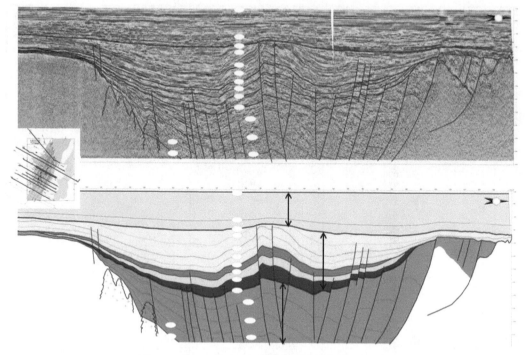

图 5-5　花上段与花下段界面在地震剖面上的响应

5.2.2　层序地层划分及对比

依据识别的各级等时界面，西湖凹陷花港组可划分出 1 个二级层序（层序组），以及 2 个三级层序（花下段层序和花上段层序）。

1. 花下段层序

花下段层序厚度具有中央反转构造带厚、向东西两侧逐渐上超减薄的特征，盆地中部厚 1000m 左右，而西侧斜坡厚 300m 左右。该层序底界面为平湖组与花港组之间的重要的区域性沉降侵蚀（或下切）不整合，层序的顶界面在盆地边界表现为不整合，在盆地内部表现为岩相突变面。据钻井资料揭示，该三级层序包括低位和湖扩 2 个体系域，其中低位体系域对应于 H12、H11、H10、H9 砂组，湖扩体系域则对应于 H8、H7、H6 砂组，每个砂组与四级准层序组相当（图 5-6）。

低位期，包括 H12、H11、H10、H9 四个砂组，以低辫状河沉积体系为主，每个四级准层序组底界面为河道冲刷下伏细粒泥质沉积形成的岩相突变面，每个四级层序主要由下部厚层多期叠置河道及上部细粒泥岩段组成。

湖扩期，包括 H8、H7、H6 三个砂组，以滨岸沼泽平原和浅水洼地沉积为特征，局部发育网结化河道沉积体系，每个四级准层序组底界面表现为河道冲刷下伏洪泛细粒泥质沉积而形成的岩相突变面，每个四级层序表现为由下部网结化河道及上部厚层细粒泥岩组成。

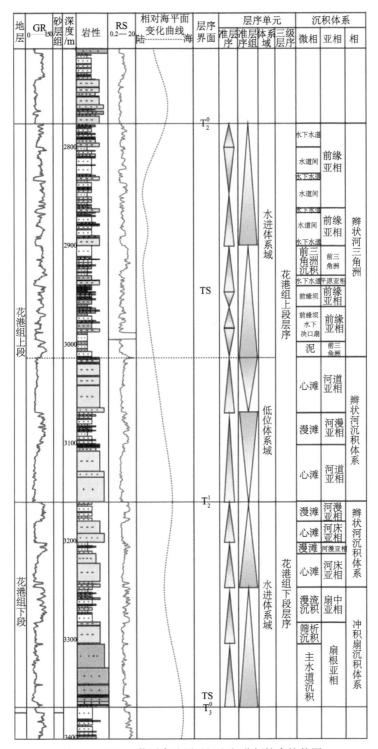

图 5-6　BYT-1 井层序地层及沉积相分析综合柱状图

2. 花上段层序

花上段层序厚度具有与花下段层序相似的分布特征,表现为中央反转构造带厚、向东西两侧逐渐上超减薄的特征,盆地中部厚度可达 800m 左右,西侧斜坡上层序厚度可达 300m 左右。该层序底界面为局部的不整合面,而该层序的顶界面龙井组与花港组之间的区域构造抬升不整合面。该三级层序包括低位和湖扩 2 个体系域,其中低位体系域对应于 H5、H4、H3 砂组,湖扩体系域对应于 H2、H1 砂组,每个砂组与四级准层序组相当。

低位期,包括 H5、H4、H3 三个砂组,以低辫状河沉积体系为主,每个四级准层序组底界面为河道冲刷下伏细粒泥质沉积形成的岩相突变面,每个四级层序主要由下部厚层多期叠置河道及上部细粒泥岩段组成。

湖扩期,包括 H2、H1 两个砂组,以浅水湖泊、湖泊三角洲沉积体系为主,每个四级准层序组底界面为湖泛上超面,岩性上表现为由下伏砂岩突变成上覆细粒泥岩沉积。每个四级层序表现为由下部细粒泥岩段及上部三角洲砂体或滩坝砂体段组成。

3. 等时层序地层格架及砂体预测模型

盆地的等时层序地层格架是指盆地中地层和岩性单元的几何形态及其配置关系,是一种三维概念。等时层序地层格架是依据地层界面的等时性,在对盆地中各地层单元精确对比基础上建立起来的地层框架,它保证了界面及层序单元对比的等时性,内部的合理分级及沉积构成特征。层序地层格架成为年代地层格架则需要与高精度古生物学、同位素地质学、古地磁学等方法结合,确定界面的年龄。

盆地等时层序地层格架建立的重要意义在于可以确定盆地地层格架中各沉积层序或各体系域中沉积物充填序列及空间展布,确定沉积体系类型及矿产富集的有利地区,为矿产资源评价和勘探开发提供可靠的基础地质依据。同时建立盆地层序地层格架与生油岩、储层、盖层之间的对应关系,建立沉积盆地等时层序地层格架与地层岩性油气藏分布之间的关系。在这些预测模型指导下,综合评价某沉积盆地石油地质基本条件,指出有利的油气勘探与开发的方向。

依据研究区地震资料、测井资料、岩相和沉积环境解释等资料,以不整合面及其对应的整合面为标志的层序边界、初始湖泛面及最大湖泛面为等时界线,建立了西湖凹陷花港组等时层序地层格架。

西湖凹陷花港组层序发育主要受构造挤压导致的幕式沉降,基准面(或湖或海平面)区域性强制性快速下降,长轴向物源和短轴向点源整体活化,以及气候等因素控制。西湖凹陷花港组时期盆地原型为一挤压拗陷盆地,经历了初始弱挤压及强烈挤压过程,其中,花下段层序为初始弱挤压背景下的拗陷充填沉积,花上段层序为强烈挤压背景下拗陷充填沉积。

花港组 2 个层序发育时,受东部向西的挤压应力作用,西湖凹陷沉降形成较为对称的东陡西缓的挤压拗陷盆地,其每个层序的形成演化可划分为三个阶段。①第一阶段:大型峡谷地形地貌形成阶段,挤压拗陷整体抬升、海(或湖)平面的强制性退出,导致相对基准面的快速下降,同时受盆内下伏断裂的隐伏活动影响,在拗陷内形成北东向展布的多阶地的大型峡谷侵蚀地貌，每级阶地沿下伏隐伏活动断裂分布，其中花下段层序可划分出四级阶地，花上段层序可划分出三级阶地，该时期仅在阶地平台内有粗碎屑沉积物滞留堆积。②第二阶段：低可容纳空间大型轴向水道充填补平阶段，随着基准面下降到最低并逐渐回升时，在低容纳的峡谷底空间内，发育大型轴向水道系统并逐阶地回填沉积，形成垂向多套叠置，连续厚度巨大的大型低位轴向水道砂体；其中，花下段低位砂体可划分出 H12、H11、H10、H9 共 4 套厚层砂组，花上段低位砂体可划分出 H5、H4、H3 共 3 套厚层砂组。③第三阶段：高可容纳空间准平原化的河道、沼泽和湖泊沉积充填阶段，随着基准面快速上升到最大，拗陷快速填平补齐，经历准平原化和沼泽化，盆地全区范围内主要以发育细粒泥质沉积夹薄层砂岩层为特征。花下段时期，西湖凹陷东北部主要发育滨岸沼泽平原和网结河沉积体系，花上段时期，主要发育湖泊和湖泊三角洲沉积体系。整体反映了在挤压应力作用下，基准面下降到最低，峡谷地貌形成；基准面逐渐上升，峡谷内发育逐级上超轴向厚层砂体；基准面快速上升到最大，发育准平原后网结河道、沼泽、湖泊相沉积充填的完整演化过程（图 5-7～图 5-9）。

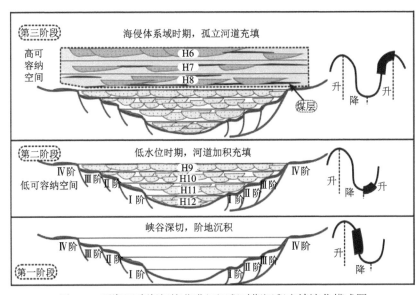

图 5-7　西湖凹陷渐新统花港组沉积时期沉积充填演化模式图

5.3　东海西湖凹陷花港组大型砂体展布及沉积特征

　　西湖凹陷花港组沉积期，由于其特定的呈北东向展布的峡谷凹陷地貌及北东端轴向物源体系的发育，在花下段层序和花上段层序发育时，自北向南发育了三大沉积体系系统：轴向水道系统、三角洲系统和湖泊系统（表 5-1）。其中轴向水道系统包括低辫状（河）水道、高辫状（河）水道、网结（河）水道体系，三角洲主体为浅水三角洲体系，湖泊系统包括湖泊体系及滩坝体系。通过运用岩心、测井、古地貌沉积体系空间分析等多种技术手段，对区内三大系统的沉积体系的分布、类型及充填特征进行了系统研究，研究结果表明三大沉积体系系统平面上明显呈区带性分布（图 5-10）。

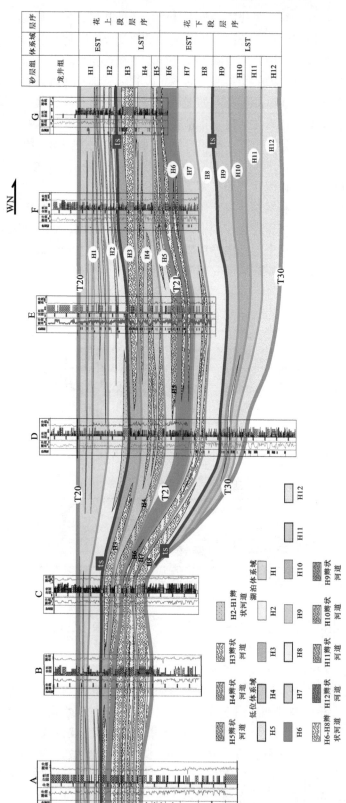

图 5-8 西湖凹陷过 LHT1-WB1-BYT2-QY1-HY1-1-1-CX3-CX1 井沉积断面图

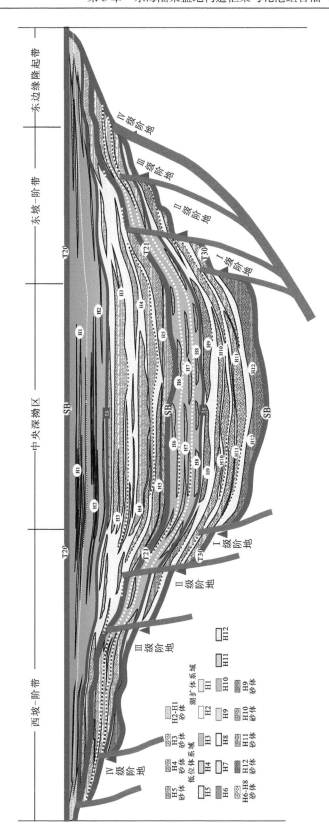

图 5-9　西湖凹陷渐新统花港组砂体预测模型

表 5-1　西湖凹陷花港组沉积体系类型

系统	沉积体系	亚相	微相	发育层位	主要沉积区
轴向水道	低辫状河	河床亚相	砂坝	花港组	花港-龙井-东海地区
			河道滞留		
		河漫亚相	洪泛平原		
	高辫状河	河床亚相	砂坝	花港组	宁波-玉泉地区
			河道滞留		
		河漫亚相	洪泛平原		
	网结河	河床亚相	砂坝	花港组	黄岩-断桥-残雪地区
		河漫亚相	河道滞留		
三角洲	浅水三角洲	平原	分流河道	花港组	春晓-天外天地区
			洪泛平原		
		前缘	水下分流河道		
			河口坝		
			间湾		
			远端坝		
		前三角洲	前三角洲泥		
湖泊	湖泊及滩坝	滩坝	滩砂	花港组	春晓-天外天地区
			坝砂		

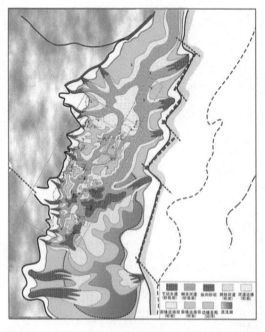

图 5-10　东海西湖凹陷花港组大型砂体时空展布图

5.3.1　低辫状（河）水道

辫状河多发育于山区或河道上游河段，以及冲积扇上，以发育多河道、多次分叉和汇聚构成辫状，河道宽而浅，弯曲度小，宽深比>40，弯曲度<1.5 为特点，受不稳定水流作用，其河道不固定，迁移迅速，易废弃改道。根据河道的多少及弯曲度特征，可划分低辫状河（≤2）和高辫状河（>2）。河道的多少取决于河谷的宽窄，河谷宽河道多，河谷窄河道少。

区内低辫状（河）水道分布于近源河道上游，因河谷窄且局限而发育。据钻井揭示，其沉积充填特征表现为：发育河床、河漫亚相，不发育堤岸和牛轭湖亚相。河床亚相包括河床滞留沉积和心滩沉积微相，河漫亚相主要为河漫滩沉积微相。河床滞留沉积位于河床底部，厚度小，以一套近源砾石质沉积为特征，砾石成分复杂可呈叠瓦状排列，其上心滩纵向砂坝最为发育，其砂岩粒度很粗，主要为含砾砂岩和粗砂岩。纵向砂坝具有底平顶凸的外部形态，长轴方向平行于水流方向，平面上多呈菱形或舌形。沉积构造可见单组或多组低、高角度下切型板状交错层理，顶部可发育平行层理（图 5-11）。河漫滩微相主要为一套粉砂质、黏土质细粒沉积，厚度不大（图 5-12）。

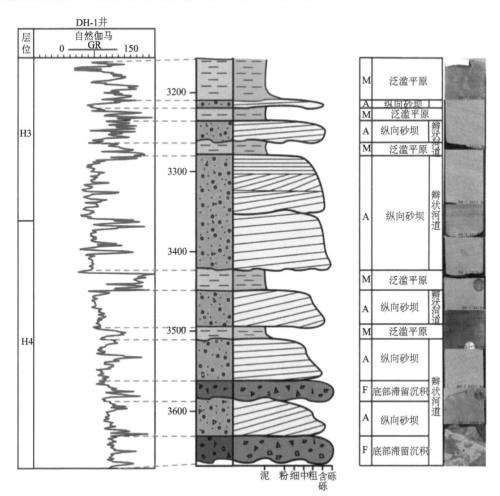

图 5-11　上游纵向砂坝垂向沉积序列

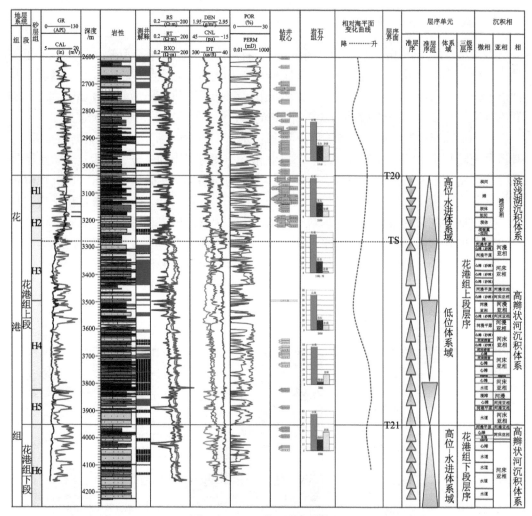

图 5-12　LJ-1 井沉积充填特征

5.3.2　高辫状（河）水道

　　区内高辫状（河）水道分布于河道中游，因河谷变宽而发育多支河道。据钻井揭示，其沉积充填特征表现为：主要发育河床、河漫亚相，不发育堤岸和牛轭湖亚相。河床亚相包括河床滞留和心滩沉积微相，河漫亚相主要为河漫滩及河漫平原沉积微相。

　　河床滞留沉积位于河床底部，厚度小，以一套砾（砂）石质、砂质沉积为特征，砾石成分复杂，以内源为主，可见外源砾，砾石呈叠瓦状排列，底部见冲刷面[图 5-13（a）]，滞留沉积之上发育心滩沉积，以发育大型槽状和板状交错层理的具二元结构的砂质沉积为特征，可进一步细分为横向砂坝和斜列砂坝，横向砂坝形成于河道变宽或深度突然增加的流线发散地区，其长轴垂直于水流方向，为一套粗粒砾（砂）质沉积物，具有底平顶凸的外部形态，长轴方向垂直于水流方向，平面上呈宽菱形，下部发育高角度板状交错层理，上部发育槽状交错层理[图 5-13（b）]；斜列（侧向）砂坝因主河道弯曲造成的水流流量不对称而产生,其长轴斜交河道方向分布,以发育单组或多组低角度板状交错层理或平行层理,之上发育槽状交错层理为特征[图 5-13(b)],斜列砂坝剖面上为顶平底凹的透镜状、楔状砂体,长轴方向与水流方向斜交,平面上呈长条形,多呈雁形排列,因河道弯度加强,对河岸的侧向侵蚀作用加强,致使斜列砂坝往往含有泥砾;河漫滩、河漫沼泽微相主要为一套粉砂质、黏土质细粒沉积,见有大量植物碎片化石,厚度不大[图 5-13(c)、图 5-13(d)]。

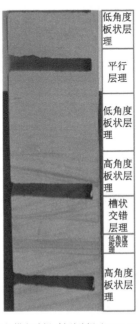

(c) 河漫沼泽沉积(3862.42m)

(a) 河道滞留沉积(3861.83m)　(b) 横向砂坝-斜列砂坝(3869.55m)　(d) 河漫滩沉积(3864.7m)

图 5-13 NB22-1-1 井岩心沉积特征

依据岩心测试资料,从辫状河中游及下游黏土矿物和黄铁矿的分布特征来看(图 5-14、图 5-15),中游到下游黏土矿物高岭石的含量没有下降反而升高,伊蒙混层的值明显降低,推测中游到下游应该存在其他物源,上游及下游的垂向序列中砂层的粒度并无明显的变化,只在出现泥岩的层位粒度曲线稍有变化。而黄铁矿则大多分布于花港组 H3~H5 的砂层当中,其含量及分布范围无明显规律,关于黄铁矿的成因有待深究。

5.3.3 (似)网结(河)水道

网结河是快速堆积、稳定的、多河道相互连接的、低坡降和低弯度,侧向上受限制的砂床河道。其具细粒沉积物(粉砂或泥)和植被组成的稳定河道,由泛滥平原相隔,河道规模小,深而窄,迁移性差。

侧向上为河道间细粒沉积包围(泥包砂),以发育河道间湿地湖泊和沼泽沉积为特征。区内网结(河)水道分布于河道下游或三角洲平原,据钻井揭示,其沉积充填特征表现为：主要发育河床、河漫和堤岸亚相。河床亚相主要为河道滞留及充填沉积微相，河漫亚相包括河漫湖泊（湖相泥）及河漫沼泽（沼泽泥及有机质沉积、沼泽泥炭沉积）沉积微相，堤岸亚相包括决口扇和天然堤沉积微相。河床滞留沉积位于河床底部，厚度小，以一套砾（砂）石质、砂质沉积为特征，如 TWT1 井 3211.1m 取心段，为灰白色细砂岩，底部可见大量滞留砾石，中上部见大量碳质碎屑砾石[图 5-16（a）]，河道充填沉积以发育板状交错层理的砂质沉积为特征[图 5-16（b）、图 5-16（c）]，堤岸沉积主要为纹层状细砂和粉砂薄层沉积物，偶夹有机质透镜体，如 TWT1 井 3208.81m 取心段，底部为深灰色泥质粉砂岩，发育攀升层理，中上部可见细砂和粉砂岩薄互层[图 5-16（d）]。

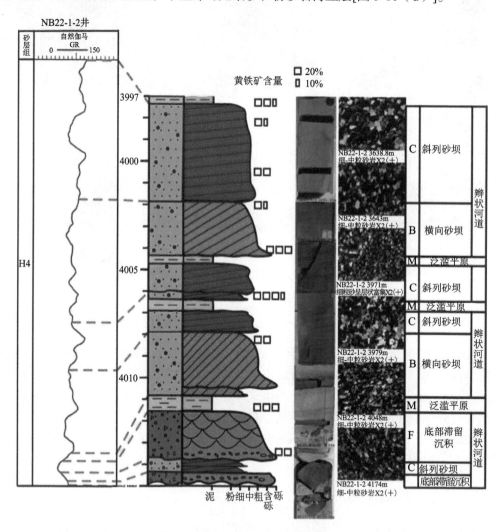

图 5-14　NB22-1-2 井岩心沉积特征

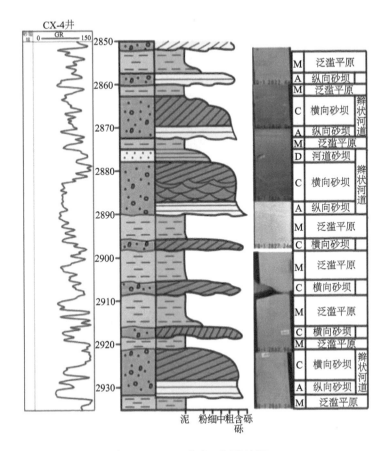

图 5-15　CH-4 井岩心沉积特征

（a）河道滞留沉积（3211.1m）（b）河道充填沉积（2911.9m）（c）河道充填沉积（3111.1m）　（d）堤岸沉积（3208.81m）

图 5-16　TWT1 井岩心沉积特征

5.4　浅水湖泊三角洲（水下）分流水道

　　浅水三角洲是指在水体较浅、地形较平缓的沉积区形成的以分流河道砂体及分流砂坝砂体为主的三角洲，是一种纵向高建设性三角洲，其具有粒度粗、沉积水动力强的沉积特点，单砂体薄、复合砂体厚度大、分布面积广，发育分流河道、河口坝难以保留，垂向上相序不连续、往往缺乏传统三角洲三层式结构等特征。湖盆浅水三角洲与正常的三角洲一样，其沉积亚相也可分为平原、前缘及前三角洲。其中，平原亚相主要发育分流河道、越岸沉积等微相，前缘亚相可进一步细分出以水下分流河道为主的内前缘亚相

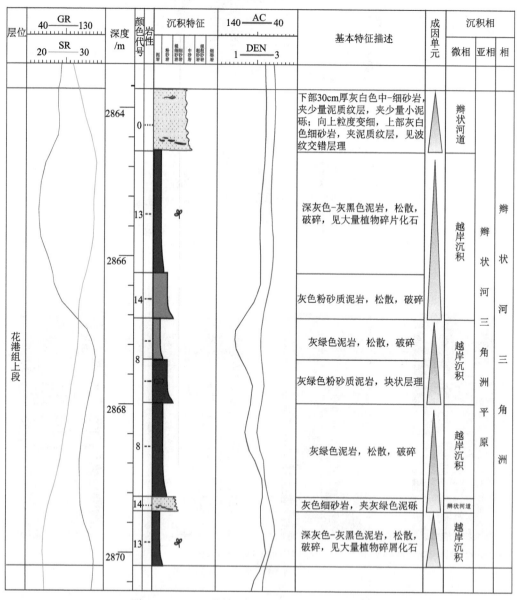

图 5-17　CHX3 井第二回次取心井段岩心沉积特征

和以席状砂为主的外前缘亚相，前三角洲亚相主要为湖相泥岩或是砂泥互层的浊流沉积组合。区内西南向至春晓、天外天等地网结河入湖，发育浅湖三角洲，其垂向沉积序列中，（水下）分流水道是骨架，为砂质复合性沉积，前缘水下分流水道与平原分流水道区别在于它们的共生组合关系不同，前者夹在河口坝沉积之中，其水下岩层也均为水下沉积，后者则与越岸沉积共生。据钻井揭示，（水下）分流水道以发育具板状、槽状、波状交错层理的中-细砂质沉积为特征，越岸沉积为具攀升层理、脉状或透镜状层理的粉砂-泥质沉积，可见植物碎片化石和煤层（图 5-17）。例如，CHX1 井第六回次 6-33-12块岩心，底部见内冲刷面，下部见灰白色粗砂岩，向上粒度变细，逐渐过渡到灰白色中-粗砂岩，具高角度大型交错层理，属平原亚相分流水道沉积[图 5-18（a）]，第四回次2833.57m 取心段为浅灰色粉砂岩，具脉状层理、攀升层理，见生物扰动构造，属平原亚相越岸沉积[图 5-18（b）]，第五回次 5-33-32 块岩心为灰白色中砂岩，底部呈扁平状内源小泥砾顺层排列，属前缘水下分流水道沉积[图 5-18（c）]。

（a）分流水道（6-33-12） 　　（b）越岸沉积（2833.57m） 　　（c）水下分流水道沉积（5-33-32）

图 5-18 　CHX 1 井岩心沉积特征

第6章　大春晓油气田群油气地质静态要素

6.1　勘探概况与研究现状

大春晓油气田发现历时 10 年，首钻始于 1985 年 11 月的天外天一井，半年后完钻；10 年后在春晓一井发现春晓油气田（表 6-1），尾钻的天外天三井开钻/完钻时间均为 2001 年 2 月，总计历时 16 年。16 年中，不但钻探时间大大缩短，而且除一口井以外，其余各井均试获高产工业油气流，分别位于浙东中央背斜带的春晓、天外天、残雪和断桥构造（图 6-1）。

表 6-1　大春晓油气田群钻井油气产出情况一览表（海洋地质与第四纪地质编辑部，1990；顾宗平，1990；韩乃明，1995；彭伟欣，2001，2002）

油气深井井名	钻井时间/完井时间	天然气日产量/万 m³	原油日产量/m³	层位备注
天外天一井	1985 年 11 月	20.7		花港组
天外天二井	2000 年 6 月/8 月	72.4	17.61	花港组、平湖组
天外天三井	2001 年 2 月 2 日/21 日	48.0	3	花港组、平湖组
残雪一井	1989 年	88.5	132.5	中新统
断桥一井	1990 年 4 月	26.97	210.3	花港组
春晓一井	1995 年 12 月	160.13	200.3	花港组
春晓三井	1997 年	143.0	88	花港组、平湖组
春晓五井	2000 年 4 月/2000 年 5 月	46.38	54.62	花港组、平湖组

目前，大春晓构造带已钻构造有 5 个，在 4 个构造上获工业油气流发现，钻探成功率 80%（表 6-1）。总计钻井 10 口，其中，除了残雪一井是与中国海洋石油总公司联合钻探外，其余各井均由上海海洋地质调查局完成；除一口井以外，其余各井都钻遇了高产油气流，证实了大春晓油气田非常好的油气富集和勘探前景。

2000 年 4 月 11 日～5 月 14 日，在春晓气田的春三构造钻探春晓五井，经测试获得日产天然气 46.38 万 m³、原油 54.62m³（彭伟欣，2001，2002）。

其中，春晓构造为一大型凝析气田，1995 年 12 月，在春一构造高点上完钻的春晓一井，在渐新统花港组发现油气显示层 12 层，选择其中五层进行钻杆单层测试，5 个测试层均获得高产工业油气流：包括气 160.13 万 m³，油 200.3m³；具有厚度大（单层最大厚度 23.4m），储层丰度高，油气产量高的特点。首次证实春晓构造为富含油气的构造，油气储层多为特高产凝析油气层，并在逆断层下盘获得了油气发现。

1985 年 11 月～1986 年 5 月，上海海洋地质调查局通过位于天外天北高点的天外天一井的钻探，发现了天外天气田。天外天二井位于天外天南高点的北翼，于 2000 年 6

月开钻，8 月完钻。在该井施工期间，虽然先后受到 8 次强台风袭击，但仍然保质保量完成了钻探和测试任务。天外天二井试获日产天然气 72.4 万 m^3、凝析油 $17.61m^3$；值得提及的是，天外天三井于 2001 年 2 月 2 日开钻，19 天后即完钻，钻至井深 3760m，试获日产天然气 48.0 万 m^3（彭伟欣，2002）。

　　1998 年，全国矿产储量委员会批准了春晓气田探明储量报告；2000 年 12 月，天外天气田、春晓气田新增探明储量获批；至 2000 年 12 月，春晓地区的探明储量已上升至 568 亿 m^3（彭伟欣，2001）。随着油气勘探的继续深入，今天该地区油气区的范围和储量显然已经增加。

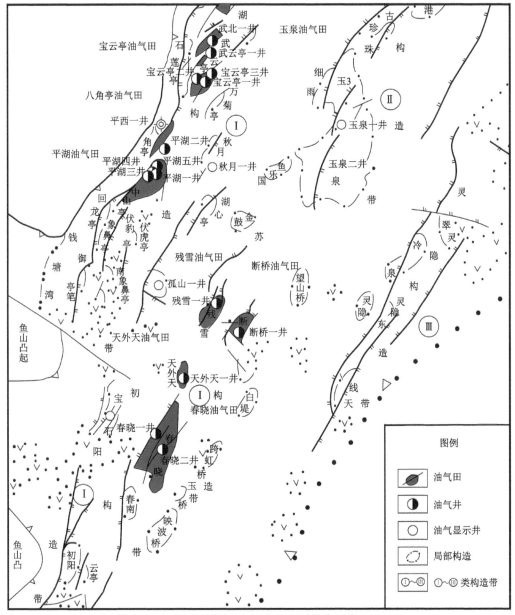

图 6-1　春晓及其周缘油气田位置图（据许红等，2019）

6.2 生 烃 源 岩

6.2.1 地层与岩性

大春晓构造群揭露地层厚度约5000m（图6-2），古近系厚2000 m。研究区具有三套重要生烃源岩，其中，始新统平湖组是最为主要的烃源岩，其次包括古新统。

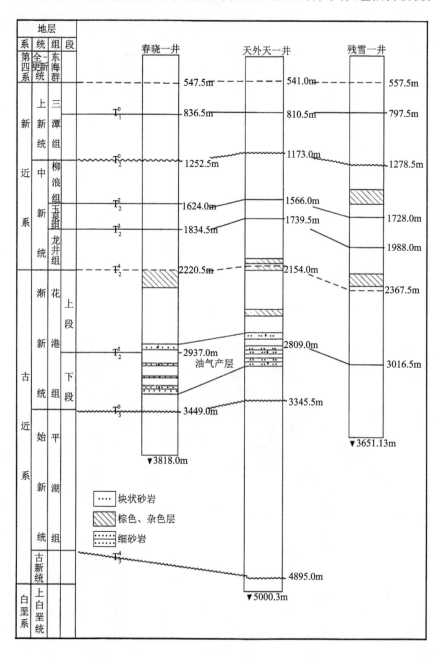

图 6-2　春晓一井与邻井地层对比简图

　　这三套烃源岩岩层系在春晓油气田区揭示了上面两套,为砾岩与浅灰、深灰色泥岩,粉砂质泥岩互层,夹少量煤层。其中,平下段下部为细粒相,视厚 607m;上段为粗粒相,视厚 942.5m。

　　渐新统花港组:灰色、褐灰色、棕红色、杂色泥质岩与浅灰色细砂岩、粉砂岩、粗砂岩互层,底部浅灰色中砂岩、细砂岩、粗砂岩夹灰色泥质岩。由 3 个正旋回组成:下旋回(3156.5~3449.0m)为灰白色砂岩,浅灰色粗砂岩、细砂岩、中砂岩、含砾粗砂岩夹灰-浅灰色泥质岩及煤层,顶部灰-深灰-绿灰色泥质岩夹浅灰色中砂岩、细砂岩、粗砂岩及沥青质煤层;中旋回(3021.2~3156.5m)为下部浅灰色细砂岩、中砂岩、灰白色粗砂岩,中上部灰-褐灰色泥质岩夹浅灰色细砂岩、粉砂岩、沥青质煤层;上旋回(2937.0~3021.2m)为下部灰白-浅灰色细砂岩、含灰质砂岩,上部灰色泥质岩夹浅灰色粉砂岩、细砂岩、煤层。

　　下中新统龙井组由 3 个正旋回组成:下旋回(1997.5~2220.5m)为浅灰色、灰白色粉砂岩、细砂岩、粗砂岩、含砾砂岩与灰色、绿灰色、褐灰色泥质岩互层;中旋回(1912.5~1997.5m)为下中部浅灰色粗砂岩、含砾粗砂岩夹灰色泥质岩,上部灰色泥质岩;上旋回(1834.5~1912.5m)为下中部浅灰色砂砾岩夹灰色泥质岩,上部灰色泥质岩夹浅灰色粉砂岩。

　　中中新统玉泉组为浅灰色、灰白色粉砂岩、含灰质砂岩夹灰色泥质岩及煤层,顶部灰色、绿灰色、褐灰色泥质岩及煤层。

　　上中新统柳浪组为浅灰-灰白色粉砂岩、浅灰色砂砾岩,含砾岩、砂岩、中砂岩、含灰质砂岩夹灰-绿灰色泥质岩及煤层,顶部灰色泥质岩。

　　上新统三潭组为浅灰色泥质粉砂岩、粉砂岩与灰色泥质岩互层。由两个正旋回组成:下旋回(1049.5~1252.5m)为下部浅灰色砂砾岩、粉砂岩夹泥质岩及煤层,上部灰色、绿灰色泥质岩夹浅灰色粉砂岩、含灰质砂岩;上旋回(836.5~1049.5m)为下部浅灰色粉砂岩、砂砾岩夹泥质岩及煤层,上部灰色泥质岩夹浅灰色粉砂岩。

　　第四系东海群为浅灰色黏土质粉砂、粉砂夹灰色粉砂质黏土,顶部灰色、棕色砂质黏土。

6.2.2　沉积相

　　通过对始新统平湖组和渐新统花港组的研究,其沉积相分别具有以下重要特征。

　　平湖组,早期:平湖组下段,岩性以泥岩为主夹粉砂-粉细砂岩,古生物组合无淡水类生物共生现象,表明以海相深水沉积为主,沉积相为半深海-海湾-陆架相。晚期:粗粒相明显增多,古生物组合除海相属种以外,出现淡水共生属种。确定的沉积相态有潮坪相、潟湖相、障壁砂坝等,为岸外高能海陆过渡相夹煤系沉积产物。

　　花港组,下部以辫状河复合体、三角洲为特征,具板状交错层理、块状砂岩、冲刷构造、对偶层理、潮汐层理,表明沉积环境受潮汐作用改造频繁,并产生许多低角度水平层理和韵律层理。上部为滨浅湖与三角洲交互相,形成滨海湖河流三角洲沉积体系(含三角洲平原、三角洲前缘亚相），深湖与浅湖相沉积粉砂岩、泥岩，以及滨湖沼泽相沉积的薄煤层（图 6-3、图 6-4）。

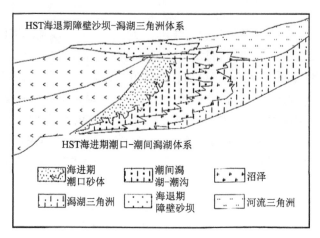

图 6-3　天外天一井上部粗粒段沉积相图（陈琳琳，1998）

6.2.3　生烃指标

对主要生烃层系的测试分析研究以始新统平湖组煤系和暗色泥岩为主。在地震剖面和相关解释图件上，始新统平湖组沉积厚度自西向东加厚，东侧最大厚度为 2100～3000m。春晓一井揭示平湖组暗色泥岩，厚度占组厚的 63.3%，泥岩中有机碳含量为0.68%，揭示煤层占组厚的 3.4%，春晓二井揭示暗色泥岩，厚度占组厚的 40.8%，泥岩中有机碳含量为 1.01%，揭示煤层占组厚的 1.1%，属于较好-好生油岩。

6.3　储　盖　层　系

6.3.1　储集层系

目前，各发现井的储层岩性均为砂岩，层位主要为平湖组和花港组，其中又主要是花港组下段，其砂岩总厚度为 450～800m，占本段沉积厚度的 50%～70%（春晓一井、二井、三井、五井分别为 63.3%、54%、71.1% 和 57%），而且块状砂体发育，单层厚度一般大于 10m，也有单层厚度为 5～10m；其统计资料见表 6-2。

岩石薄片鉴定表明，花港组储层岩石性质主要为细砂岩及粗粉砂-细砂岩、中砂岩。砂岩成分以石英为主，长石为次，具少量岩屑。砂岩分选中-好，磨圆度次圆-次棱角状；胶结物以泥质为主，泥质胶结物以黏土矿物为主，胶结物含量较低。胶结类型为孔隙式。岩心分析孔隙度为 14.7%～18.7%，渗透率为 8.74×10^{-3}～$229.58 \times 10^{-3} \mu m^2$。测井资料解释孔隙度为 14.7%～31%（一般 15%～20%），渗透率为 14×10^{-3}～$1000 \times 10^{-3} \mu m^2$（一般 30×10^{-3}～$450 \times 10^{-3} \mu m^2$）。花港组储层孔隙度和渗透率中-好，且均随深度变小。

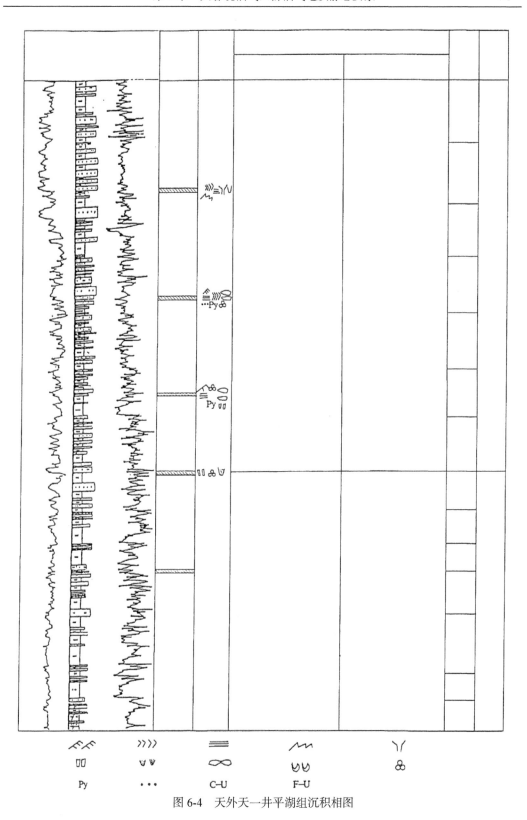

图 6-4　天外天—井平湖组沉积相图

表 6-2　春晓一、二、三、五井平湖组、花港组砂岩单层厚度>10m 和 5～10m 层数（项圣根，2001）

井名	花港组上段		花港组下段		平湖组	
	>10m	5～10m	>10m	5～10m	>10m	5～10m
春晓一井	3	10	9	5	5	3
春晓二井	3	6	6	5	3	2
春晓三井	2	9	8	2	5	8
春晓五井	2	8	8	2	7	3

　　平湖组储层岩石性质主要为细砂岩、中-细砂岩。砂岩中石英含量较高，次为长石、岩屑等。分选中-好，胶结物以泥质为主，局部含灰质，胶结类型为孔隙式、孔隙-接触式。岩心分析与测井解释的孔隙度为 10%～13%，纵向上变化较小；测井解释的渗透率为 3×10^{-3}～$20 \times 10^{-3} \mu m^2$，且在纵向上随深度变小。平湖组储层砂岩中的石英次生加大较强烈，处于晚期成岩阶段，储层孔隙类型以次生粒间孔为主，孔隙度中等；渗透性及喉道连通性较差。平湖组储层物性比花港组差，但同样获得了高产工业性气流（如春晓三井）。

　　上海海洋石油局利用储层人工智能神经网络方法计算解释，认为大春晓地区比较有利于油气储集的沉积砂体为河道砂、河口砂坝砂和决口扇砂。

　　春晓构造储层埋深小于 3500m，为高地温梯度场特征，气层（小于 3200m）温度低于 140℃；排驱压力低，地层压力小于 32MPa。因此，大春晓地区花港组下段等是春晓构造中-深层物性良好的储集层。

6.3.2　盖层

　　在地质环境中，天然气具有扩散现象，只要有浓度梯度存在，即可发生由高浓度区向低浓度区的天然气扩散运移；但当盖层是生烃层系时，生烃层系生成的天然气将使孔隙（水）中含气浓度大于下伏储集岩中孔隙水的含气浓度，形成所谓烃浓度封闭现象。在春晓油气田区即存在烃浓度封闭现象。

　　首先，钻井揭示在春晓构造花港组上段地层明显变细，春晓一井本段的钻探厚度累计 453.2m，占地层总厚的 63.3%，尤其泥质岩单层厚度较大，形成较好的盖层。

　　研究认为，大春晓油气田盖层主要为一套塑性泥岩，具有遇水膨胀特点，测井曲线上表现为高自然伽马、低自然电位、低电阻率、深浅侧向电阻率差小、低密度及井径扩大等特征。

　　研究将大春晓油气田盖层分为真、假盖层，前者单层厚度几米到数十米，后者厚度较小。测井资料表明 2900m 以下泥岩孔隙小，孔隙突破压力大，封闭性能好，存在一套覆盖在主要含油气层系之上的盖层，即所谓真盖层。这类真盖层一般厚度仅为 1～2m。通过压力实测研究，确定该 2900m 以下封闭层属于压力封闭层之下的生烃主力层系平湖组，由于平湖组发育大套泥岩，因此，该层段具有形成所谓欠压实型超压和生烃型超压地质条件是封盖能力非同一般的真正起封闭作用的盖层。

6.4　圈闭及保存特征

6.4.1　断裂系统

　　春晓构造断裂系统主要分为 NNE 向、EW 向两类，依断层性质分为正断层、逆断层、剪切断层三种；从成因上分析可分为张性正断层、压性逆断层和剪切正断层三种；按断层发育时间可分为早、中、晚三期。

　　早期（始新世末以前）都为张性正断层，一般发育在始新统平湖组及以下地层，共有 5～6 条此类断层。这些断层主要发育在斜坡部位，以反向正断层为主，基本上不控制沉积。

　　中期（中新世末）以压性逆断层为主，一般发育在中新统—渐新统地层内，中期的压性逆断层主要有 5 条（图 6-5），从左至右被命名为春一、春二、春三、春四、春五断层，其代号分别为 C_1、C_2、C_3、C_4、C_5 断层（下同）。其中，C_1、C_2、C_3、C_4、C_5 五条断层相对延伸较长、断距较大，被解释为 4 级断裂，其余断层为 5 级。各条断层遭

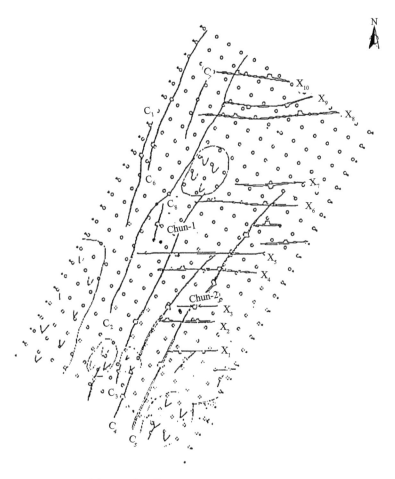

图 6-5　春晓构造主要断层、岩浆岩分布图

1. V 代表火山岩；2. Chun-Y 代表钻井，此为春晓 1 井；3. C 为断裂，C_1 为 1 号断裂。

受挤压应力南北有别，C_1 断层在南部受挤压应力大，并且有可能被岩体破坏；C_2 断层北部受挤压应力大而南部受挤压应力小，这种差异反映到断层的落差上，造成 C_2 断层由南到北断层落差由小变大。C_4、C_6 两条断层延伸较短，一般在 10km 以内。这些 NNE 向断层断面一般为东倾西掉，仅在南部有一条西倾东掉。

晚期（上新世末）为剪切正断层，主要发育在中新统—渐新统上段地层内，展布方向近 EW 向。这些断层一般成对出现，即南倾、北倾同时成对出现，在断层之间形成地堑结构。这些断层一般很少向下切割到地震 T_2^5 反射层。由于工区内主要油气层发育在 T_2^5 反射层以下，因此它们对油气层的影响不大。

T_3^0 以下的早期正断层在盆地拉张应力作用下形成。中期的压性逆断层在龙井运动向西的水平挤压作用下形成，且受到西侧鱼山凸起影响，形成逆断层的东倾西掉性质。晚期近 EW 向成对的剪切正断层在冲绳海槽运动剪切作用下形成。

6.4.2　构造形成时期

春晓凝析气田储油气构造的形成时期分成三个阶段：

第一阶段，始新世末，玉泉运动的结果使构造开始形成雏形，平湖组轻微褶皱；渐新世末，花港运动使构造褶皱逐渐加强。

第二阶段，中新世末受龙井运动挤压作用影响，使渐新统、中新统地层发生强烈褶皱；构造顶部剥蚀，形成 NNE 向逆断层并控制构造，春晓构造基本定型。

第三阶段，上新世末的冲绳海槽运动，在上新统—渐新统沉积层系内一系列近东西向剪切断层形成，并使背斜构造形态进一步复杂化，最终形成现今构造面貌。其上沉积上新统、全新统、更新统地层，春晓构造最终定型。

6.4.3　圈闭描述

春晓构造为一大型挤压背斜构造，位于东海陆架盆地西湖凹陷南部浙东中央背斜带大春晓构造区带中部。

根据二维地震资料解释的结果，确定该构造走向为 NNE 向，长短轴之比为 5∶7；闭合高度分别为花港组顶>300m，埋深 1900m；花港组底<300m，埋深 2700m；平湖组上-中段底<300m，埋深约 3400m。平湖组上-中段底以下在构造图上无圈闭显示，表现为一个高点；中新统底构造图也为一个高点。另外，多个层圈闭高点与龙井运动一幕火山岩体有关（该期火山岩体与花港组底层圈闭高点及花港组顶层圈闭和平湖组上-中段底层圈闭高点位置一致）；最后总计识别确定了三个构造高点。

1995 年以来，在三维地震资料解释时发现背斜构造上存在多条平行构造轴线方向的逆断层，它们分割并产生了四个构造高点，分别被命名为春一、春二、春三和春四高点；在 $T_2^4 \sim T_3^4$ 各层构造图上，春一至春四高点面积变化较大，形态不一，而且火山岩十分发育（图 6-6、图 6-7）。

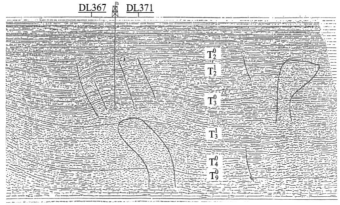

图 6-6　过春晓 1 井 D465 地震剖面

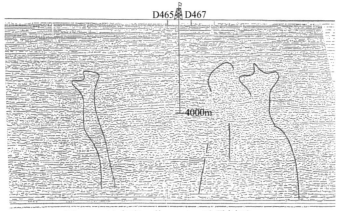

图 6-7　过春晓 1 井 DL369 地震剖面

春一主高点为一短轴挤压断背斜，具有东缓西陡的特征。花港组下段顶层圈闭占该高点同层圈闭面积的 46.6%，由于春一主高点位于逆断层东侧，因此，在钻探春一构造主高点东侧下降盘高点之前钻探了春晓一井，一举获得花港组、平湖组地层中的 12 个油气层；之后，出现几乎一致的观点，认为东侧主高点产油气潜力更大。

春二主高点位于春一高点东南部，花港组下段顶层为一长轴挤压断背斜构造，由该构造平湖组顶层深度图可见其东侧具岩浆活动，在其上花港组顶层深度图上已为一较完整背斜。1995 年下半年在春二高点西侧钻探了春晓二井，也取得重大工业油气流发现。

春三、春四高点为春晓油气田次一级高点；春三次高点位于春一高点北部、春四次高点位于春一高点西侧。二者与春一、春二主高点一起组成春晓构造群。

第7章 大春晓油气田成藏条件及过程

春晓油气田是在东海陆架盆地独特盆地动力学背景下形成的，其温压场特征、有机成熟史、油气运移和输导保存体系总体特征是东海陆架盆地独特成藏动力条件的典型代表。一方面，由于较高的地温梯度和强烈集中的火山活动加快了油气田区深层有机成熟的进程；另一方面，独特的鞍部地理位置，来自深洼深源流体尤其短源径向气体的运移冲注，加上发育在烃源体层内部早期拉张性质断裂疏导体系，以及发育在圈闭储集层系内的中期挤压断裂组成的保存体系，共同构成了大春晓油气田群独特的成藏动力条件，决定了成藏机制、过程和结果，本章讨论其成藏条件及过程。

7.1 古地温场生烃温度窗及有机物成熟史

7.1.1 盆地古地温场特征

根据陆架区钻井实测结果，东海陆架盆地地区热导率可分为三个线型变化段（取对数热导率坐标），如图 7-1 所示。其中，海底以下 2000m，热导率为 0.75～1.0W/（m·K）；2000～3500m，热导率为 1.0～2.5W/（m·K）；3500m 以上，热导率基本维持在 2.6W/（m·K）左右。

根据天外天一井速度层确定其与热导率的对应关系，其中，上新统—第四系的层速度为 1.8～2.2km/s 和 2.4～2.8km/s，对应的热导率为 2.5W/（m·K）。中新统至渐新统的层速度为 3.0～3.6km/s，对应的热导率为 2.5W/（m·K）。始新统的层速度为 4.2～5.1km/s，对应的热导率为 2.66W/（m·K）。侏罗系、上白垩统的层速度为 5.76～6.0km/s，对应的热导率为 2.75W/（m·K）。

根据灵峰一井和温州 6-1-1 井确定的变质岩层速度为 5.9～6.6km/s，对应的热导率为 2.1～2.95W/（m·K）。上地幔的层速度为 8.2km/s，对应的热导率为 4.19W/（m·K），软流圈的层速度为 8.1km/s，对应的热导率为 4.7W/（m·K）。陆架盆地区底边界热流为 73.52mW/m^2。

本书计算得到的温度场分析如图 7-2 所示，在冲绳海槽深部出现的最高温度超过了 2000℃。根据来自苏联、日本和我国各海洋单位的冲绳海槽 257 个热流实测资料研究可见，地温梯度和热流值具有较大变化范围。海底热流值范围为 9～10109mW/m^2，一般在 35～584mW/m^2，平均热流值为 459mW/m^2。地温梯度值范围为 0.8℃/100m～871.4℃/100m。

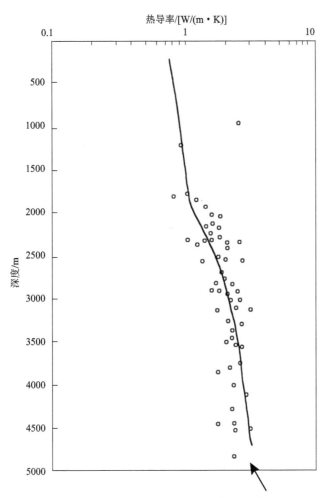

图 7-1　东海陆架盆地热导率实测剖面（据赵金海，2001）

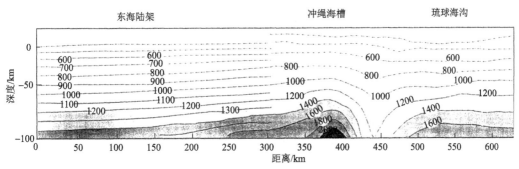

图 7-2　东海海域温度场分析成果图（单位：℃）

（据赵金海，2001 修改）

一般为 3.8℃/100m～34℃/100m。从全球海洋中现有的热流资料分析可知，冲绳海槽为世界海洋中最高的热流区之一。从海底热流分布图和地温梯度图（图 7-3、图 7-4）可以

　　清楚地看出，冲绳海槽热流和地温梯度分布总体具有由西南向北东逐渐增高、西南部较低、东北部较高的特征。西南部（北纬 26°以南）热流值大多为 30～150mW/m²，最高值为 23lmW/m²，最低值为 9mW/m²。地温梯度值大多为 2.9℃/100m～18.0℃/100m，最高值为 26.0℃/100m，最低值为 0.8℃/100m。东北部（北纬 26°以北）具有极高的热流值和地

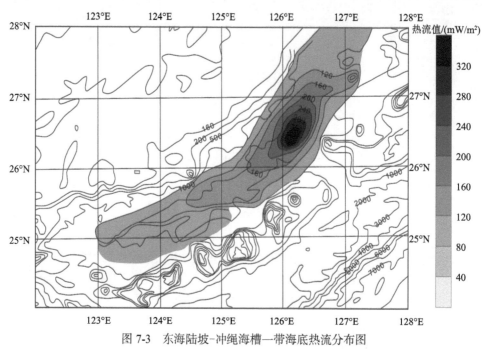

图 7-3　东海陆坡–冲绳海槽一带海底热流分布图

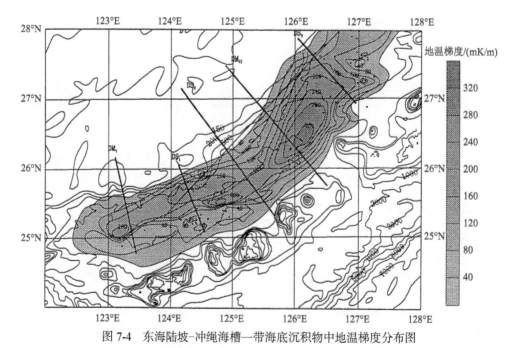

图 7-4　东海陆坡–冲绳海槽一带海底沉积物中地温梯度分布图

温梯度，并发现有数个高热点区。其中，位于 27°35′N，127°09′E 附近的"夏岛-84"凹陷，其水深为 1750～1800m，面积约 4km²，热流平均值为 590 ± 440mW/m²，并有 5 个站位的测量值超过 1000mW/m²。位于"夏岛-84"凹陷东侧的"东部"凹陷（27°35′N，127°12′E 附近），水深为 1750～1800m，面积约 6km²，热流平均值为 710 ± 690mW/m²，最高测量值为 2823mW/m²。冲绳海槽上述热流实测数据是西太平洋边缘海盆地最高的，远远高于大洋中脊地区热流。反映冲绳海槽盆地处于扩张开始之前，洋壳即将形成时期，在弧后裂谷地区和陆源裂谷地区达到的演化最高阶段的深部热流强烈活动结果。

在西太平洋边缘海盆地链大陆裂谷-弧后海底扩张演化的序列中，东海海域新生代盆地演化历经裂谷期、断陷期、拗陷期和披覆期的不同盆地阶段（刘申叔，1998），但它们并不等同于鄂霍次克海盆地，其演化更趋于成熟，形成了不同时代断陷盆地原形并列和不同类型原形盆地非继承性叠加的演化结果。

不同时代断陷盆地原形并列，表现为在西部温东拗陷分布有 NNE 向的东断西超古新世断陷，在中部的浙东拗陷内经钻探证实分布有 NNE 向的东断西超早中始新世断陷和西断东超晚始新世断陷，二者叠加形成东海大陆边缘裂陷盆地；在东部冲绳海槽海域形成中新世至第四纪弧后裂陷盆地的特征。

不同类型原形盆地非继承性叠加，表现为形成于温东拗陷内的 3 种原形盆地非继承性叠加特征，由下至上为古新世断陷、始新世披覆和中新世—第四纪的披盖。

浙东拗陷内的 4 种原形盆地构造表现出来的叠加特征，由下至上为：早中始新世东断西超形成断陷，晚始新世西断东超的断陷，渐新世—中新世的拗陷和晚中新世—第四纪披盖，以及冲绳海槽区发育的单一晚中新世—第四纪的断陷（刘申叔，1998）。

东海裂谷断陷的深度达到 10000～12000m，热沉降达到均衡的时间为 50～67.5Ma。

东海裂谷断陷盆地形成于"华夏古陆"上，为内陆源海产物，表现为从海洋插入大陆的特征，并以西湖-基隆两凹陷间鞍部地区为界，形成"南海北陆"的沉积环境和排列方向与分布范围十分宽广的雁行状弧形拉张谷，其大量铲状断裂是"被动地幔"变形的产物。

7.1.2　岩浆火山活动与油气成藏

针对春晓研究区的精细研究范围超过 6000km²。发育有大量火山岩浆岩体，根据地震剖面解释的结果达 60 个（表 7-1、图 7-5），有多种火山岩类型（许红，1992），分别属于瓯江运动（T_4^0）、玉泉运动一幕（T_3^3）、玉泉运动三幕（T_3^0）、龙井运动一幕（T_2^4）、龙井运动三幕（T_2^2）、龙井运动四幕（T_2^0）6 个火山岩浆活动期的产物。其中，主要活动时期为龙井运动一幕（T_2^4）、龙井运动三幕（T_2^2），分别属于晚渐新世—早中新世、中中新世晚期。而岩浆活动与断层关系较为密切，火山岩的类型有喷出岩和侵入岩。

表 7-1 研究区不同构造层火山岩解释成果统计表

构造运动	瓯江运动	玉泉运动一幕	玉泉运动三幕	龙井运动一幕	龙井运动三幕	龙井运动四幕
构造层	T_4^0	T_3^0	T_3^0	T_2^4	T_2^2	T_2^0
火山岩数量/个	2	3	4	20	11	18

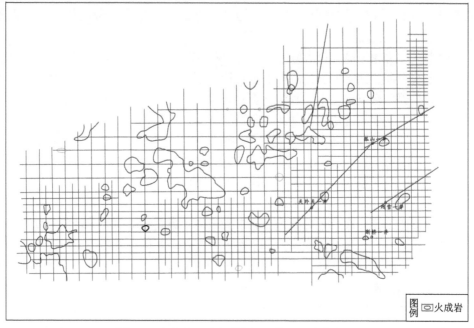

图 7-5 大春晓—油气田区新生代火成岩分布图

由于春晓构造区带的排烃期、油气运移期为中新世末至上新世,而上述主要火山岩浆活动都早于这个时期,表明它们对油气成烃-成藏起到了积极作用,加速了油气的形成、演化及成熟,并通过钻探证实了这一结论;而且,火山岩形成之后对于油气藏形成的负面影响和破坏作用也较小,反而可能会对油气运移(如凝灰岩)聚集成藏和保存(如玄武岩)发挥积极作用。

7.1.3 大春晓地区古地温场数值模拟分析

根据 Probase2.0 盆地模拟软件要求,在拟合天外天一井全井段实测 R_o 资料基础上,依据动平衡观点,对古新统(尚未钻遇)、下始新统(在陆架盆地西部拗陷带钻遇)、中始新统、上始新统、渐新统、中新统 6 套沉积层系的数值模拟成果:地层底面 R_o 平面等值线图和地层底面温度平面等值线图,单井埋藏史图(包括现今深度 R_o 交绘图,现今深度温度交绘图,埋藏史温度史图)进行分析,规律如下。

1. 古新统—下始新统重要生烃层系热成熟程度

至今古新统—下始新统沉积层系已经大部分进入干气窗,前者 R_o 为 0.72%～3.30%,

后者 R_o 为 0.69%~2.52%；前者最高温度为 203.9~236.10℃，后者最高温度为 195.6~210.5℃。

2. 中始新统和上始新统平湖组主力生油层热成熟程度

至今中始新统和上始新统（即平湖组主力生油层）进入湿气窗或生油窗，前者 R_o 为 0.69%~1.22%，后者 R_o 为 0.75%~0.84%，前者最高温度为 195.50℃，后者最高温度为 137.5~143.7℃。

3. 渐新统和中新统成熟程度

迄今渐新统和中新统仍然在生油窗，前者 R_o 为 0.59%~0.67%，后者 R_o 为 0.53%~0.56%；前者最高温度为 119.0~124.8℃，后者最高温度为 99.77~103.99℃。

4. 大春晓油气田群成熟程度

研究区各大构造区的成熟演化具有相当的不一致性。早期，在不同地质时代以东北部残雪构造和研究区东南部为较高成熟区，其次为天外天构造，春晓-断桥构造成熟最晚。晚期，春晓构造区变为成熟程度最高的地区之一。

7.1.4　春晓-天外天油气田钻井温压场特征

根据 5 口钻井的储层资料成图及统计分析结果进行了研究区温度压力场对比研究。发现大春晓油气田群地温梯度为 3.6℃/100m~4.0℃/100m，如春晓三井实测所示（图 7-6），表现为高温异常特征；且 3600m 仍然保持正常地层压力的图形特征。

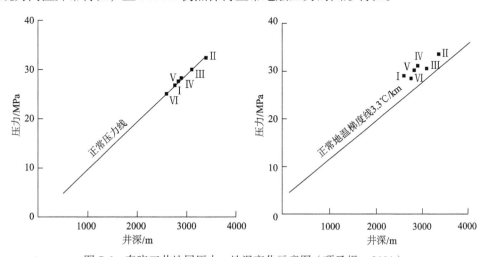

图 7-6　春晓三井地层压力、地温变化示意图（项圣根，2001）

由于受春晓三井钻井深度限制，所以推测深部地层应当与西湖凹陷已揭示钻井一样存在超压现象。利用天外天一井全井段实测 R_o 资料，拟合并模拟形成研究区地层底面 R_o 平面等值线图、地层底面温度平面等值线图、现今深度 R_o 交绘图、现今深度温度交绘图、埋藏史成熟史图、埋藏史温度史图。可见，平湖组主力生油层大约在距今 5Ma，埋深 2300m 开始烃类热成因过程，至今平湖组大部分或部分尚处于液态烃窗口内。

7.1.5　大春晓地区生烃层系演化转化

在二维地震资料解释成果的基础上，编制了古新世—中新世六大构造层等深度图，各层系相应沉积相图，完成了上述大春晓地区有机成熟史数值模拟。通过模拟取得的各种成果图，如地层累计生烃强度平面等值线图，地层累计生油强度平面等值线图和地层累计生气强度平面等值线图分析，发现主要生烃强度较高的异常区位置位于研究区各大构造的东西两侧，并且全区烃类生成和有机成熟史是动态演化的，随时间变化而转化。

7.2　大春晓油气田群地区压力场

早在 1967 年，Powers 等就注意到盆地中存在超压现象，并引起其中流体的"幕"式活动；至 20 世纪 90 年代，在美国国家自然科学基金会和大石油公司的联合资助下开展了"热流体的活动史研究"，提出地压流体囊"幕式突破"模式；至今，流体囊"幕式突破"模式已经成为沉积盆地超压地层-烃源岩层系厚层泥岩生排烃作用理论研究的基础。

7.2.1　大春晓地区具有超强压与正常压力上下分区特征

在预测地下流体压力场的方法中，声波测井（DST）、实测地层压力（RFT）和地震速度资料最为重要。前人根据声波测井（DST）的单井模拟结果分析可得，西湖生油凹陷平湖工区、平北工区以 3800m 为界（平湖组中、下部），之上为常压（压力系数小于 1.2），之下为超压（压力系数大于 1.2）。

地震剖面模拟的结果表明（图 7-7），西湖生油凹陷 T_2^0 以上地层压力系数多数小于 1.2，为静水压力；$T_2^0 \sim T_3^0$ 的地层压力系数在 1.2～1.4，少数大于 1.4，最大剩余压力达 20MPa；T_3^0 以下地层压力系数在 1.4～1.8，可达 1.8，剖面最大剩余压力多数大于 15MPa。

推测大春晓油气田群深部存在高压异常（大于 $3800m^2$），与西湖生油凹陷平湖工区、平北工区一起构成大春晓构造区带北部、东部、西部和深部的超高压带和异常地层压力带；产生由北部、东部、西部 3 个方向向中部和南部的，由下向上的径向与纵向交错泄压区带，形成运移主带，运移的方式以垂向为主。

以上压力因素在时间和空间上的相互作用形成巧妙配合，构成了大春晓油气田群油气运移动力的特色。根据美国著名石油地质学家 Hunt 1990 年对全球 180 个沉积盆地的研究，其中 160 个存在超压异常，进而提出所谓流体压力封存箱理论。本书在强调封闭层与油气产层相关关系密切（封闭层之上为正常压力系统，封闭层之下为异常压力系统，即超压封存箱，油气主要产自直接封盖封闭层的储集层之中）的基础上，建立了研究区压力封存箱模式（图 7-8）。

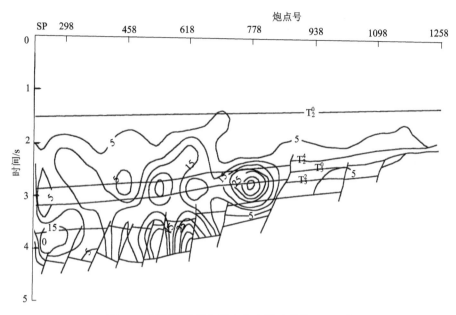

图 7-7　西湖凹陷剩余压力分布图（单位：MPa）

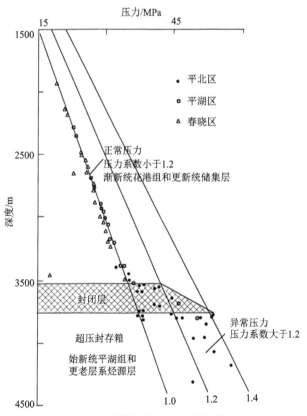

图 7-8　西湖凹陷压力封存箱模式

7.2.2　大春晓地区具有北、东、西三面高和南面低的水流体系汇聚带特征

汪蕴璞和汪珊（1997）分别从古水动力场特征的角度对西湖生油凹陷泥岩压实过程释水与初次运移，以及重力水渗流场与油气二次初次运移进行了讨论。在此基础上，笔者对相应沉积水动力学和渗入水动力学的命题进行了比较，认为二者是沉积作用与构造运动紧密结合的产物，前者经历区域性沉降—海（湖）侵—沉积—区域性隆起的过程；后者从区域性隆起开始，经过海退—地层剥蚀—地表水渗入的过程。其动力来源的积聚与释放服从于盆地动力学的规律与过程，其最终结果统一于遵循成烃-成藏动力学特征和规律研究的勘探发现（表7-2）。

表7-2　研究区水动力学作用旋回与油气运移关系表

动力学类型分期	旋回 I		旋回 II		旋回 III		旋回 IV	
地下水动力学过程分期	沉积水动力学作用期	渗入水动力学作用期	沉积水动力学作用期	渗入水动力学作用期	沉积水动力学作用期	渗入水动力学作用期	沉积水动力学作用期	渗入水动力学作用期
沉积作用期与构造作用过程分期	平湖组沉积期水动力学	玉泉运动期渗入水动力学	花港组沉积期水动力学	花港运动期渗入水动力学	龙井、玉泉、柳浪组沉积期水动力学	龙井运动期渗入水动力学	三潭组沉积期水动力学	冲绳海槽运动期渗入水动力学
油气初次运移作用期	39Ma E$_3$		25Ma N$_1$		9Ma N$_2$			
油气二次运移作用期	N$_1$ N$_2$		N$_2$ Q					

王丽顺和王岚（1998）计算了研究区花港组各时期孔隙度流体超势，绘制了花港组储层孔隙流体超势图（图 7-9）。该图描述了柳浪组沉积末期，龙井运动晚期、三潭组沉积末期供源水流体系的汇聚特点，表现为孔隙流体低势汇流的特征。其中，中央低势汇流体系由北部的残雪、断桥油气田开始，经天外天油气田向春晓油气田呈 NE—SW 向展布，构成所谓大春晓油气田群；该油气田群东西两侧分别为白堤深凹和三潭深凹的高势汇流体系，流体势以柳浪组沉积末期较高，为水流体系供源区；至中新世柳浪组沉积末期和龙井运动晚期，低势汇流带在春晓油气田和天外天油气田形成半封闭流体低势区；到三潭组沉积末期，在春晓油气田和天外天油气田的半封闭流体低势汇流区带形成一个长条状的封闭型流体低势区。

这种流体汇流带总体上呈由北、东、西三面向南面和中部降低的大趋势，描绘了低势汇流体系的运动规律，表明流体（油气）在运移过程中存在差异聚集现象。

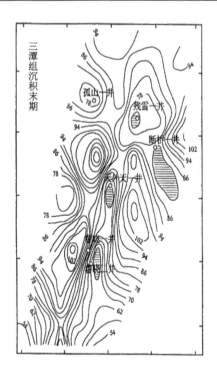

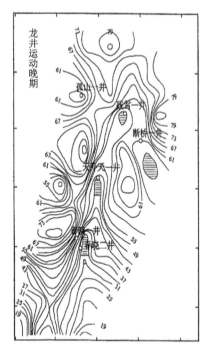

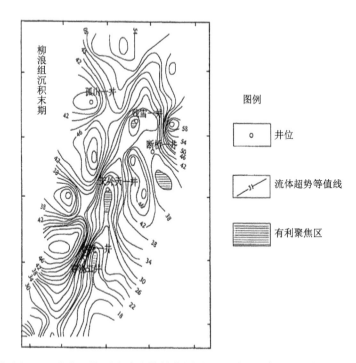

图 7-9　大春晓油气田区花港组储层孔隙流体趋势图（王丽顺和王岚，1998）

7.2.3 超压主要由沉积作用、成岩作用和烃类生成共同作用产生

Hunt 于 1990 年统计分析了全球 180 个超压盆地，其中约 90%是富含油气盆地。这些超压盆地可以被分为"墨西哥湾"快速沉降型（产生于欠压实型超压地层）和"落基山"成岩作用型两大类。实际上，超压可与多种因素有关，包括不均衡压实作用、生烃作用、黏土矿物脱水作用、水热增压作用、构造应力作用等，但除了强挤压背景之外，压实不均衡[图 7-10（a）]和生烃作用[图 7-10（b）]是可以独立产生大规模超压的主要机制，而东海陆架盆地西湖凹陷和大春晓油气田群地区的超压系统并不简单属于"墨西哥湾"型和"落基山"型二者当中的任何一种，而是表现出独自的特征。

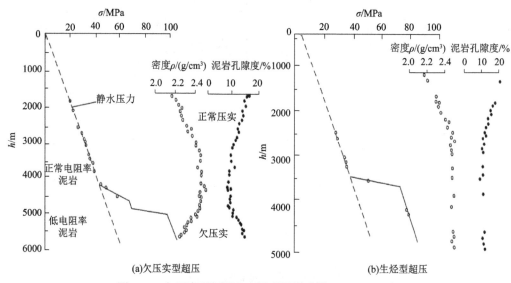

图 7-10 欠压实型超压和生烃型超压（据 Hunt, 1990）

首先，由沉积等厚图可见，研究区平湖组最大沉积厚度达到 3000m，按照春晓一井砂泥岩含量百分比计算，其泥岩沉积厚度可达 2000m；由于岩石性质比较单一、分布范围广、封盖能力强，因此，平湖组大套泥岩的存在将产生不均衡差异压实作用，进而存在形成超压或"超压囊"现象的条件，这种情况将主要出现在春晓油气田两侧深洼部位。

其次，研究区烃类的大量生成时期为晚中新世的生油高峰期。位于研究区深处的部位和地区在中新世早期便进入生油高峰期。这样，早中新世—上新世时期有机质丰度较高的平湖组已经成熟，此时泥岩大量生成烃类，而且逐渐形成并达到所谓压实极限形成超压。目前，在烃源层系中可能存在超压或"超压囊"现象，很可能已经对研究区排烃与运移产生较大影响。

最后，西湖凹陷在 2100m 以下出现蒙-伊混合层，而平湖组大套泥岩埋深一般大于 3000m，成岩作用研究结果表明，和大春晓油气田群平湖组一样，凡埋深在 3100m 以下的沉积层蒙脱石全部转化为伊利石，该深度已经越过生油门限，表明生烃源岩是在生成大量烃类的同时发生蒙-伊转化和大量层间自由水释放的，同时由于这类层间自由水密度

降低，导致孔隙流体压力增加形成超压和"超压囊"现象。

7.2.4　油气主要分布于压力封闭层及其上下

图 7-10 为西湖凹陷和大春晓油气田群泥岩封存箱模式图，目前所发现大春晓油气田群主要高产油气层位分别分布于压力封闭层及其上下相邻储层之中，对应的地质层位分别为花港组上段、花港组下段和平湖组上段。

7.3　油气运移分析

本节讨论以翔实资料二维数值模拟成果为基础，涉及地层古油气运移方向和矢量的分布特征、地层古油气运移方向角平面变化规律和地层古油气运移强度等模拟分析，绘制了系列地层古油气运移方向矢量平面图，地层古油气运移方向角平面等值线图和地层古油气运移强度标记图，总计 63 幅。

7.3.1　油气运移至鞍部地区集中分布，形成名副其实大春晓油气田

发现大春晓油气田群由西湖凹陷中央背斜带南延，整体呈 NNE 向展布，其中北部已经发现了残雪、断桥油气田，中部发现了天外天、春晓油气田，四者在 500km² 范围内构成大春晓油气田群，大春晓油气田群西南部与宝石含油气构造相邻。

大春晓油气田群得益于油气在东海陆架盆地西湖-基隆两凹陷间鞍部地区以短源为主且经疏导开启性断层的运移，最后形成集中分布的态势。

在多层构造图上，天外天油气田和春晓油气田二者相邻并连通形成一个整体，而且由下至上表现为差异构造变动的特征，二者组合构成名副其实大春晓油气田。

在 T_g 构造层，春晓高点埋深为 7800～8200m，3 个高点面积分别为 10.1km²、7.0km²、0.92km²；两侧均为深洼，最大深度为 8700～9000m；天外天高点埋深为 8200m，两个高点面积分别为 44.76km²、9.32km²，两侧均为深洼，最大深度为 600～700m；春晓高点为一火山岩体相隔。此时，天外天高点埋深较大，面积更大。

在下始新统构造层（瓯江组），春晓高点埋深为 6500～6600m，两个高点面积分别为 15.22km² 和 12.12km²，两侧深洼埋深为 7400～8100m；天外天高点埋深为 6100m，面积为 88.94km²；东侧为深洼，深 6600m；二者间为一火山岩体相隔。此时，天外天高点同样埋深变浅，面积变大。其中，高点与相邻深洼距离分别为 3～8km。

中-下始新统构造层（平湖组下段），春晓高点埋深为 4900～5300m，3 个高点面积分别为 16.01km²、12.14km²、9.24km²，两侧为深洼，深度为 5500～6600m，与相邻高点距离为 2～10km；天外天高点埋深为 4900m，面积为 119.76km²，两侧为深洼，深度为 5300～6600m，与相邻高点距离 1～5km；两大构造之间为一火山岩体相隔。此时，天外天高点同样埋深更浅，面积更大。

中-上始新统构造层（平湖组上段）春晓构造高点埋深为 3400～3500m，两个高点面积分别为 64.87km² 和 31.01km²，两高点间为一 3900m 低洼相隔，但其西部深洼深

4400m，东南部深洼深 4200m，北部深洼深 4500m，相邻高点距离仅为 2～4km；构成绝佳凹隆相间配置格局。

此时，天外天构造高点埋深为 3600m，面积为 56.26km^2，北部、西南部和东部均为 4200m 深洼。两大构造间为一火山岩体相隔。它与春晓构造间首次出现面积变化，后者第一次在面积上超过天外天构造，且高点埋深为 100～200m，高点与相邻深洼距离为 2～6km。

渐新统构造层（花港组），春晓构造高点埋深为 2700～3200m，4 个高点面积分别为 60.26km^2、3.33km^2、1.1km^2、10.0km^2，4 个高点的北部深洼深 2900m，东南部深洼深 3500m，西部深洼深 2900m，相邻高点距离为 3～6km；天外天构造高点埋深为 2900m，面积为 50.33km^2，其北部、东南部和东部为 3400～3600m 深洼，相邻高点距离均为 6km，两构造间为一火山岩体相隔。两者相比较发现，春晓构造面积仍然大于天外天构造面积，且前者主高点埋深为 200m。

中新世龙井组、玉泉组、柳浪组构造层，春晓高点埋深为 1190m，面积为 113.75km^2；天外天高点近似相等。

综上可知，从下始新统构造层（瓯江组）开始，春晓高点与天外天高点逐渐连通形成一体，总面积超过 100km^2。其中，至中–上始新统构造层平湖组上段开始，春晓构造高点已比天外天构造高点高度增加了 100m，由于渐新统花港组构造层和中–上始新统平湖组上段构造层砂体形成实际发现的油气产层，春晓构造和天外天构造二者晚始新世和渐新世在高点埋深和构造面积方面发生的上述变化直接导致二者油气产层和油气储量变化；而在针对二者 100 多米油气产层的连井对比图上，天外天—井油气产层要高出春晓—井油气产层百余米，出现多层含油气砂层尖灭现象。

由于烃类来源于相邻三潭深洼和白堤深洼平湖组滨海湖相泥岩，运移距离近，仅 1km 左右，最远也有 8km，属于超压系统内短源为主的纵向运移。此类短源运移寻早期开启性断裂系统通道进入先成早期圈闭的优良储层体系，终于聚集起来形成名副其实的大春晓油气田。

在最新的盆地数值模拟成果图上，大春晓油气田群西南部与最新发现的宝石含油气构造均先后成为运移集中异常区，尤其是大春晓油气田群西南部作为长期继承性生烃中心和运移中心之一，其周缘特别是北部区域将是极具深层勘探和重大突破性发现潜力的目标区域。

7.3.2　运移输导系统为一系列拉张性质的重要断层

在正常压力系统中玉泉运动期形成的一系列拉张型断层面是开启性质的，而一旦"超压囊"存在，断面将被封闭。研究区由于中期龙井运动向西的水平挤压作用以褶皱、抬升、剥蚀为主要形式，导致西湖凹陷构造形态由 V 形变为 W 形，同时形成一系列压性逆断层，发育在中新统—渐新统内，这是一组非输导性断层，利于烃类保存。

研究区输导系统包括早期在盆地拉张应力场状态下形成的拉张断裂系统，它们构筑了平湖组各大烃源系统至平湖组和花港组各大储集层保存系统的主要输导体系之一，是大春晓油气田群极为重要的输导体系。

重要的是，由于其中存在超压囊现象，对断面产生压力形成封闭；而沿垂向向上，在春晓构造具有正常压力系统的砂岩和泥岩剖面中，断裂输导系统所承载烃类将对断面两侧相连砂体进行等量分配。而中新世压性逆断层的确属于渗透能力差或不渗透的断层系统，它们的存在对于油气的聚集和保存有利，这已经通过钻井发现并予以证实。

7.3.3　油气运移与构造运动

汪蕴璞等（1997）估算，平湖组在早、中、晚中新世和上新世 4 个流体排放期的量比关系是 6.4∶1.9∶1.6∶1.0，由此可得如下结论。

（1）平湖组在中新世的排液量比上新世高出近 10 倍。

（2）油气在龙井运动之前中新世已经完成了大量运移，龙井运动加快了油气流的运移速率和在局部地区调整了油气流运移的指向。

第8章 大春晓油气田成藏动力学机制与模式

大春晓油气田成藏动力学机制研究基于生、排、运、聚动态勘探数据，包括二维数值模拟，旨在阐明满足基本成藏要素条件的油气成藏生、排、运、聚过程，以及环境和结果的成藏条件，揭示普遍的和特殊的成藏动力学规律，提出大春晓油气田成藏模式和成藏动力学模式，建立始于地球动力学和盆地动力学再到成藏动力学研究的理论，可以推进油气勘探的进程。

8.1 大春晓油气田含油气系统成烃-成藏动力学系统机制与过程

8.1.1 不同压力系统张性断层输导体系运移成藏动力学机制与过程

早期，东海陆架盆地呈拉张应力动力场状态，形成拉张断裂系统，构筑平湖组各大烃源系统由平湖组至花港组各大储层保存体系的主要运移输导系统，也是大春晓油气田最为重要的输导系统。其中，东西向张性断裂是大春晓成藏最大制约因素，该断裂的切割性质以及侧向封堵性质是油气成藏的重要因素，当其切割阻碍不同岩性地层时，导致油气整体侧向成藏；当一些储集封闭有利组合存在时，亦即东西向张性断裂成藏作用在花港组上段中部基本结束后，却仍然可以在花港组上段的下部和花港组下段部分成藏（白洁等，2002）。

渐新统—中新统，中期龙井运动向西的水平挤压作用，导致抬升、剥蚀形成褶皱，使西湖凹陷构造形态由东西方向 V 形变为 W 形，同时形成一系列压性逆断层，在正常压力系统中，玉泉运动期形成的系列拉张断层面是开启性质的，而一旦"超压囊"形成，系列压性逆断层面被封闭，系列非输导性断层组最利于烃类保存。

超压囊内油气主要通过垂直向上运移成藏的机制形成，还存在正常压力断层系统成藏的机制：断裂输导系统向断面两侧相连砂体等量分配承载烃类，在砂泥岩互层剖面中成藏。第三种机制：在上覆中新世压性逆断层系统中，因渗透能力差或发育不渗透断层系统，形成晚期浅层油气藏。这三种机制均已通过钻井证实。

事实上，超压推动运移，产生地形驱动、压实驱动、构造应力驱动和对流驱动，并受沉积作用、成岩作用和构造作用影响或主导，构成油气运移动力学机制。

8.1.2 压性逆断层下降盘封闭形成一批高产能油气藏动力学机制

如前述，大春晓地区发育张性逆断层（渐新世以前）、压性逆断层（中新世）和剪切正断层（上新世末）。目前钻探发现中新世压性逆断层下盘油气藏，证明该断裂系统封盖具有动力学封闭体系性质，含油气层位分别是渐新统花港组和始新统平湖组，花港组下段为主含油气井段；平湖组多层油气藏和花港组上段薄层油气藏为次油气井段；具有含油气层位多、厚度大、储层丰度高、油气产能高等系列特点。

首先，分析研究区平湖组沉积厚度，确认最大沉积厚度 3000m，按照春晓一井砂泥岩含量百分比计算，其泥岩沉积厚度可达 2000m，该组岩石性质单一，分布范围广，沉积速率高，将产生不均衡差异压实作用，进而形成超压或"超压囊"，具有很强封盖能力，这种情况又因大春晓油气田两侧为深洼，呈典型 W 状而放大，构成差异构造-沉积型双要素形成超压机制。

其次，研究区烃类的大量生成时期为晚中新世的生油高峰期；但两侧深洼深部中新世早期即进入生油高峰期。这样，早中新世—上新世有机质丰度较高的平湖组已经成熟，此时泥岩大量成烃，且逐渐形成并达到所谓压实极限形成超压，超压囊位于超压封存箱烃源层系之中，形成典型超压或"超压囊"排烃与运移成藏动力学机制。

最后，西湖凹陷在 2100m 以下出现蒙-伊混合层，而平湖组大套泥岩埋深一般大于3000m，成岩作用研究结果表明，和大春晓油气田群平湖组一样，凡埋深在 3100m 以下的沉积层蒙脱石全部转化为伊利石，该深度已经越过生油门限，表明生烃源岩是在生成大量烃类的同时发生蒙-伊转化和大量层间自由水释放的，同时由于这类层间自由水密度低，导致孔隙流体压力增加形成超压和"超压囊"，是第三种成藏动力学机制。

8.2 大春晓油气田含油气系统成烃-成藏动力学 系统机制与过程

大春晓油气田群主要生油层系为始新统平湖组，在其东西两侧白堤、三潭深凹中较为发育，东侧最大沉积厚度超过 2100m，达到 3000m；春晓一井揭示泥岩占组段厚度的62.2%，泥岩有机碳占 0.68%，煤层占组段厚度的 3.4%，春晓二井揭示泥岩厚度占组段厚度的 40.8%，泥岩有机碳占 1.01%。平湖组生油高峰期在晚中新世（白堤、三潭深凹平湖组生油高峰期在中新世早期，并延续至晚中新世，现仍处于生气高峰阶段）；先前所推测前始新统生烃层系目前已在天外天一井、宝石一井等先后钻遇。

针对前始新统（西湖凹陷深层古新统，确认发育了半深水-深水沉积海相烃源岩），通过平湖组、花港组及龙井组含油气系统关键时刻研究，认为它们分别构成上、中、下含油气系统及关键时刻（图 8-1），地质要素如下：有效烃源岩为平湖组为主，包括花港组和龙井组；储层以花港组下段为主，包括平湖组上段，花港组下段，盖层分真假两类盖层及上覆地层。

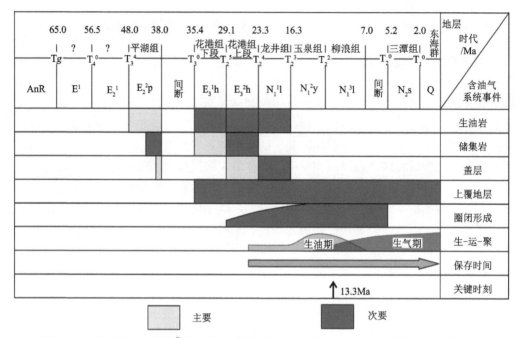

图 8-1　大春晓油气田群含油气系统事件图（据王丽顺，2000；李纯洁等，2004 修改）

成藏要素：分为初次运移和二次运移，共同特点是均为短距离（1～8km 范围内）运移。

初次运移：以水溶相态烃为主，运移动力以压实作用、水热增温作用、黏土矿物脱水作用和烃类生成作用为主，共同产生异常高压，形成初次运移原始动力。主力烃源岩的初始运移期为 39Ma（表 8-1），另一套烃源岩系为渐新统—中新统，运移时间分别为 25Ma 和 9Ma。

表 8-1　大春晓油气田群油气运移时间推测表

地层		初始运移期		主要运移期		
生烃源岩层系		时间/Ma	相应沉积期	轻质油	湿气	干气
中新统	玉泉龙井组	9	N_2			
渐新统	花港组	25	N_1	N_2	Q	
始新统	平湖组	39	E_3	N_1	N_2	
前始新统		55	E_{1-2}	E_3	N_1	N_2

二次运移：以溶解相态游离相态烃为主，后者是进入储层之后的运移相态，运移动力以储层中的水压作用、毛细管压力作用、自由浮力作用为主；二次运移时间为主要生油气期之后的首次构造运动期，为中–晚中新世；关键时刻为 13.3Ma。

圈闭形成期：历经玉泉运动（形成雏形），龙井运动（开始定型），形成了上下叠置的复合型断背斜，它们在中新世晚期完成定型。

保存时期：在形成油气田之后历经数个百万年并长期保存至今。

存在新生代下古新统自生自储古生新储陆相成烃-成藏动力学系统，特征主要代表了已在 WZ26-1-1 井和 WZ4-1-1 井揭示的月桂峰组和在宝石一井揭示的宝石组半深湖相沉积体系，在地震解释中追踪的大春晓油气田群白堤深洼-三潭深洼带的 T_4-T_6 构造-沉积层，推测也属于最好生烃源岩，有机质类型较好，丰度高。该套沉积可能极具高压高热性能，证实了泥岩的局部披盖性，且封闭性极好；并已在丽水 36-1-1 井获得证实，其生成烃类运移指向遍及大春晓油气田群各大局部构造及东、西斜坡带。

新生代始新统—渐新统自生储盖型成烃-成藏动力学系统：这是已在大春晓油气田群被十几口钻井所证实的实际存在，包括由含煤层系和滨海湖相沉积体系形成的两套成烃源岩系统。分布于西湖凹陷与大春晓地区，该系统生烃潜力指数好，有机质类型好，丰度高，通过含油气系统埋藏史分析和关键事件分析，表明成烃-成藏动力学系统事件间匹配关系好；此类中新统成烃-成藏动力学系统可能存在于冲绳海槽盆地、钓鱼岛隆褶带、福州凹陷、西湖凹陷北部（如煤系地层为其烃源层系）、北部断阶带等地区。

8.3　大春晓油气田成藏动力学模式

以过中央背斜带和过春晓一井的二维地震剖面（D465 线）与钻井解释层位及相应参数为基准，提出建立大春晓油气田油气成藏模式和成藏动力学模式（图 8-2、图 8-3），分别命名为中央隆起带背斜高部位-逆断层下盘成藏模式和西部缓坡斜坡带-坡折带成藏模式（图 8-3），春晓油气田成藏动力学模式（图 8-3）。

它们的共同成藏要素特征如下：烃源层系、排烃层系、疏导层系、充注时间、岩相组合与圈闭形成等方面的差异决定了勘探层系、油气藏类型及分布的差异。其中，始新统平湖组-花港组-玉泉组-龙井组烃源层系均处于生油窗内，平湖组主力生油层系生排运聚烃高峰期与大春晓油气田局部构造群圈闭形成时空配置良好；渐新统—中新统烃源层系生排运聚烃高峰期与该局部构造群圈闭形成同期或略晚期匹配。

它们的输导网络体系以短源纵向断裂体系和侧向不整合砂层界面体系为主，成藏动力为超压力与静水浮力，存在压力过渡带、超压带及常压带，油气充满度高或中等，分别以春晓一井、天外天三井、春晓三井、残雪一井为代表，以平湖一井、宝石一井为代表。

该模式认为，研究区中-下始新统与前始新统（古新统）现已进入干气阶段；钻探试油结果在 2863.5～3280.0m（压力封闭层及其上下地层之中）发现了 12 层 104.9m 凝析油气层，测试其中五层获得高产工业性凝析油气流。凝析油气极具高温高压低密度性，表明已形成油气藏曾经受到这些凝析油气的抽提作用、溶解作用，也包括首先发生的充注作用。凝析油气的进入增加了原生油气藏的油气比和成熟度，在圈闭充满后极易发生油气的差异聚集作用。

花港组油气藏由于是多种烃类混合互溶，会导致油气藏出现多相分异、异相共存的

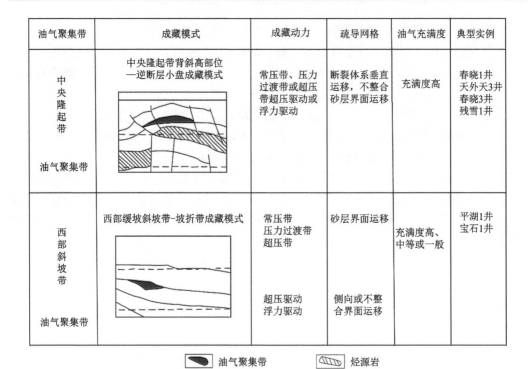

油气聚集带	成藏模式	成藏动力	疏导网格	油气充满度	典型实例
中央隆起带 油气聚集带	中央隆起带背斜高部位 —逆断层小盘成藏模式	常压带、压力过渡带或超压带超压驱动或浮力驱动	断裂体系垂直运移，不整合砂层界面运移	充满度高	春晓1井 天外天3井 春晓3井 残雪1井
西部斜坡带 油气聚集带	西部缓坡斜坡带-坡折带成藏模式	常压带压力过渡带超压带 超压驱动浮力驱动	砂层界面运移 侧向或不整合界面运移	充满度高、中等或一般	平湖1井 宝石1井

油气聚集带　　　　烃源岩

图 8-2　大春晓地区油气成藏模式（许红等，2019）

复杂局面；大春晓油气田-苏堤构造带油气藏出现复杂多样油气藏的性质多少与此相关，这些油气田以常压常温油气藏为主，油气藏类型却多样化，有边水气藏、带底油（油环）的边水气藏、块状底水油藏、含气顶底水油藏、底油（油环）凝析气藏等。

上述特征构成大春晓油气田地区现今独特的，以东西两个方向为主的短源烃源岩以纵向为主的多期运移，差异聚集及多层位成藏的模式；并以始新统与前始新统—古新统为主生烃源岩，存在典型超压囊体系，压力封闭层上下地层中聚集凝析油气的成藏模式。

该模式表明，大春晓油气田油气成藏各重要参数之间相互匹配良好，油气成烃条件和成藏条件十分优越，尤其油气田面积较大。因此春晓大油气田是继崖 13-1 大气田之后，在我国东北部海域发现的又一个大型高产凝析油气田；春晓油气田油气成藏的情况代表了大春晓油气田群乃至西湖凹陷多数油气田成藏的基本事实，邻区及深层将是具有重要勘探潜力领域。

凝析油气的进入增加了原生油气藏的油气比和成熟度，在圈闭充满后，还将发生油气的差异聚集作用。

上述特征构成大春晓油气田地区现今独特的以东西两个方向为主的短源凝析油气纵向为主的多期运移，差异聚集及其多层位成藏的成藏模式。还可以称其为具有以始新统与前始新统（古新统？）为主的生油气、生烃源岩和超压裂体系，压力封闭层及其上下地层之中聚集凝析油气的成藏模式。

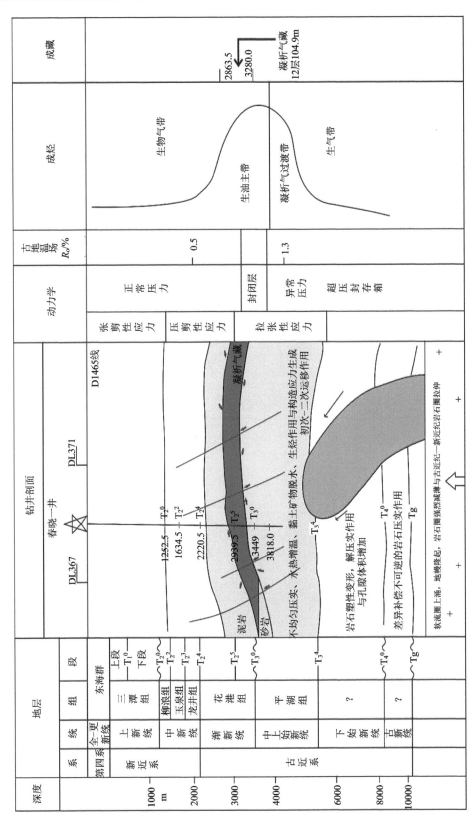

图8-3　大春晓油气田群成藏动力学模式（据上海海洋石油局D-465线解释春晓1井反射波组层位；许红等，2019）

　　该模式表明，大春晓油气田油气成藏各重要参数之间相互匹配良好，油气成烃条件和成藏条件十分优越，尤其油气田面积较大。因此经过深入勘探开发，有可能成为继崖 13-1 大气田之后在我国海域发现的又一个大型甚至特大型整装高产大凝析油气田。春晓油气田油气成藏的情况代表了大春晓油气田群乃至西湖凹陷多数油气田成藏的基本情况。

第9章 冲绳海槽盆地天然气水合物成藏动力学

天然气水合物存在于近海陆坡水深大于300m以下是在全球多国多海域得到证实的基本事实，据估算全球天然气水合物含碳量为全球化石燃料（石油、天然气和煤）含碳量的两倍。从这个角度来说，天然气水合物成为21世纪清洁高效的替代性能源资源将是不争的事实。在东海，只有冲绳海槽盆地具有天然气水合物赋存的水深条件，而高热流、高地温与强烈的火山喷发加黑潮活动又是该盆地的特点，因此，对冲绳海槽盆地天然气水合物成藏动力学的研究已成为最基础的问题之一。本章将介绍天然气水合物的基本认识，以及我国海域第一条天然气水合物物理化学相态平衡曲线及其应用于冲绳海槽盆地理论实际研究的早期工作成果。

9.1 基本概念与认识

天然气水合物（natural gas hydrate），又称笼形包合物（clathrate），是在较低温度与较高压力条件下由天然气与水分子 $M·nH_2O$ 形成的类冰非化学计量笼形化合物。笼形结构中氢键连接水分子，化学性质亚稳定，标准状态下分解快，遇火燃烧，故又称"可燃冰"（其中，M 代表气体分子，n 为水合指数）。天然气水合物气体组成以 CH_4 为主，含 C_2H_6、C_3H_8 等同系物，它们完全区别于 CO_2、N_2、H_2S 等与水形成的非烃水合物。

天然气水合物中水分子是主体分子，形成所谓空间点阵结构，气体分子充填于点阵间孔隙中，气体分子与水分子间没有化学计量关系，点阵结构水分子间以较强的氢键结合，气体水分子间以范德瓦尔斯力结合。已经发现天然气水合物形成的 3 种基本笼形晶体空间结构是立方体的 I 型结构、菱形立方体的 II 型结构、六方体的 H 型结构。3 种结构晶体有 5 种晶穴空间：I 型为 512 和 51262 两种晶穴空间，II 型为 512 和 51264 两种晶穴空间，H 型为 512、435663 和 51268 三种晶穴空间。其中，I 型晶体结构在自然界分布最广泛，仅能容纳甲烷（C_1）、乙烷两种小分子烃及 N_2、CO_2、H_2S 等非烃分子，这种天然气水合物中甲烷普遍构成 $CH_4·5.75H_2O$ 的几何格架；II 型结构天然气水合物除包容 C_1、C_2 等小分子以外，菱形立方晶体结构中水分子间孔隙较大，形成较大的"笼"，可容纳丙烷（C_3）、异丁烷（$i-C_4$）等烃类；H 型结构"笼"最大，甚至可以容纳直径超过异丁烷（$i-C_4$）的分子，如 $i-C_5$。

天然气水合物以上 3 种笼形空间结构可以容许直径为 7.6～10.4nm 的分子进入，其中，实测 H 型结构的大"笼"直径达到 10.4nm。II 型和 H 型比 I 型结构天然气水合物化学性质稳定。H 型结构天然气水合物早期仅发现于实验室，1993 年才在墨西哥湾大陆斜坡发现其天然产物。除墨西哥湾外，在格林大峡谷发现了 I 型、II 型、H 型结构天然气水合物共存的现象。

天然气水合物中含甲烷分子超过 99%者可称甲烷水合物（methane hydrate），但是在无确切资料情况下一般还是应以天然气水合物相称。目前，从自然界中发现的天然气水合物多见白色、淡黄色、琥珀色、暗褐色等轴状、层状、针状晶体。可存在于零下与零上温度环境，在已获岩心样品中，有在 21℃环境中发现天然气水合物的报道。全球天然气水合物主要发现于深水（大于 300m）的深海与深湖环境，以及永久冻土带地区的浅地层中。天然气水合物主要具有 4 种存在方式：①结核晶体状，出现在粗粒岩石孔隙之间；②球粒状，分散于细粒岩石之中；③薄层状，见于沉积物或填充于裂缝中；④厚层大块状，分布于沉积层中或深海海底。

独特的晶体结构与分子空间构型决定了天然气水合物独特的高浓集气体的能力，表现特点为高浓度气体＝高储量。在实验标准状态下，单位体积天然气水合物可释放出 160～180 倍体积甲烷气体，因此，单位面（体）积天然气水合物矿藏天然气的储量可等于 160 倍以上同等规模常规天然气藏的天然气储量，即 $1km^3$ 的天然气水合物气藏可等同于 $164km^3$ 的常规天然气藏。天然气水合物气藏的概念及勘探开发完全区别于常规天然气矿藏的勘探开发，极小的面积也可能具有极大的经济价值，因而天然气水合物矿藏的发现、勘探、开发与研究也就极具价值。苏联科学院院士 A.A.特罗菲姆克认为，在有利于天然气水合物形成条件的地区，如占全球陆域面积 27%的永久冻土带，大约 90%的海洋具备天然气水合物赋存条件。

9.2　国内外天然气水合物研究概况

20 世纪 80 年代以来，国际天然气水合物研究进展迅速。统计 1990 年以来各国公开发表天然气水合物科学论文数平均每年在 20 篇以上。自 1998 年以来，我国公开发表的期刊论文总数达到 200 余篇，平均每年超过 30 篇。其中，登载这些论文的著名科学杂志有 *Geology*（美国）、*Earth & Planeary Science letters*（荷兰）、*Marine Geology*（荷兰）和 *Journal of Geophysical Research*（美国），甚至还包括 *Nature*（英国）。发表文章最多的国家主要是美国、日本、加拿大和俄罗斯等。当然，此外不乏专著和大型国际会议论文集的出版，在一些大型的国际科学会议上，则特别开辟了天然气水合物专题研讨会，尤其是"国际天然气水合物学术讨论会"已经开到了第五届。其中，大多数研究成果与 ODP（大洋钻探计划）、DSDP（深海钻探计划）的工作有关。ODP 计划的实施为推动天然气水合物的发现与评价研究做出了最为重大的贡献，其中，最具显示度的成果是 ODP 164 航次的科学发现。近年来，我国相关天然气水合物调查研究、技术体系、实验模拟及其环境与气候的论著也有较大幅度增加，国内一批顶尖科技刊物相继出现大批科学论文，相关单位连续组织了天然气水合物国内和国际科学讨论会，反映天然气水合物已经成为能源科学界重要研究热点，并广泛涉及气候、环境、高新技术与全球可持续发展领域。

9.2.1　天然气水合物主要研究领域

天然气水合物的发现及研究可追溯至 200 年前，大致可分为相互区别的 6 项研究工作内容和 6 项实物工作发现（许红等，2001c）。目前，主要研究领域涉及以下 7 个方面。

（1）基础理论与相关学科领域相关性，即可持续发展性研究，包括地质背景、技术方法体系（深海地球物理资料，如多道地震、高分辨地震、深拖地震、广角地震和三维地震采集与资料处理技术、地球化学方法技术）、环境变化、气候变化和温室效应相关关系等研究。

（2）实验室模拟研究，包括计算机物理化学状态平衡数值模拟，水合物实验室合成方法、设施及理论，以定量勘探评价为目的的天然气水合物各种特殊性质实验分析及其参数定量测试实验研究。其中，地质条件下的合成实验、参数测试与理论分析研究已经提上日程。

（3）资源调查、定量评价和深海样品采集综合研究，如天然气水合物成因机制、成藏综合地质评价与模式、矿藏资源评估方法和评价参数求取及其经济评估，以及深海底层与深海浅层天然气水合物样品保真采集-保存-运输环节中的保真问题研究等。

（4）钻、采工艺研究，含专用调查-钻探船舶、配套钻采机具，深海底定位系统与实时摄像信号传输系统，深海浅孔与深海深孔保压保温取心器，甲板实时分析测试辅助设施系统，其他配套样品采集分析仪（器）等。

（5）开采、工业性开发与开发前实验方法研究，含基础方法与理论，实验室实验研究，钻井井场工业性开发，尤其是开发前实验与试采，以及基本参数求取与生产安全保障措施研究。

（6）天然气水合物应用新技术，如将天然气以水合物方式进行的天然气储存（包括国家战略储备）、以水合物方式进行的长途运输研究等。

（7）最新的天然气水合物开发研究，已经将工作由野外矿区调查、资源评价、矿区圈定、样品采集和实验室开发实验转移到了矿区技术方案及其开发实践。

9.2.2　天然气水合物分布、产出及其成因状态特征研究的认识

（1）天然气水合物被发现于深海或深湖地区（水深大于等于 300 m）的海（湖）底浅层，钻井揭示深度为 54～1110m，主要富集于 200～450m 和 700～900m 深度区间，也被发现于海底表层与永久冻土带浅沉积地层中。钻井发现单层厚度大多小于 10m，岩心样品在数厘米到数十厘米之间。

（2）天然气水合物稳定带厚 50～450 m，稳定带内最高温度是 21.1℃（Vital *et al.*，1998）；稳定带孔隙度平均为 5.8%～7.9%，紧邻似海底反射层（bottom simulating reflectors，BSR）的 11.6%～19%，最大可能达到 35%～85%；稳定带顶界在钻井之前难以通过地球物理手段识别；对于太多的研究内容与目标而言，稳定带底界的确定才是至关重要的。

（3）天然气水合物稳定带底界主要由地球物理判别标志 BSR 予以确认。BSR 的发现源于 1970 年 Markl 等的工作：其在布莱克海域单道地震剖面上发现有与海底平行，与弱反射层斜交的异常强反射。在 DSDP 11 航次后，R. Stoll、M.E. Wing、G. Bryan 等指出，在全球海域的不同地区均存在 BSR，表现为高振幅、负极性、横向连续或断续、大致平行于海底或与海底小角度相交、界面上下速度倒转的反射特征。关于 BSR 的有关认识被后来深海钻探与大洋钻探多个航次证实，因此，BSR 及其分布成为天然气水合物及分布的代名词和权威性地球物理判别指标。但是，ODP 164 航次证实，BSR 并非唯一指标，

有 BSR 显示的海域往往有天然气水合物，但有天然气水合物的海域未必一定有 BSR，该航次 994-995-997 站位剖面，即 BSR 钻井取证的权威性剖面见图 9-1。BSR 的判别标志如下：①与海底似平行，与下伏层系相交；②对于海底反射振幅更强，极性反转，BSR 底界以上高速，以下低速；③有条带状"亮点"反射，受强反射界面影响，上部层系一般为反射空白区；④具有层速度-振幅异常构造（VAMP）；⑤具有强非均质性，决定 BSR 反射的长连续性、分段性和断续性特征，当只有几千米时呈断续性或分段性，当延伸数百千米时为长连续性；⑥存在于海底局部地貌为斜坡、海台、海脊、增生棱柱体或断层发育的陆坡位置；⑦BSR 为天然气水合物底界或游离气顶界，BSR 与下伏沉积物中地层游离气含量有关，ODP 164 航次 994 站位无 BSR 却采集获得水合物，解释为地层游离气含量太少的缘故。一般情况下，游离气层体积大（厚）于天然气水合物矿层的厚度。

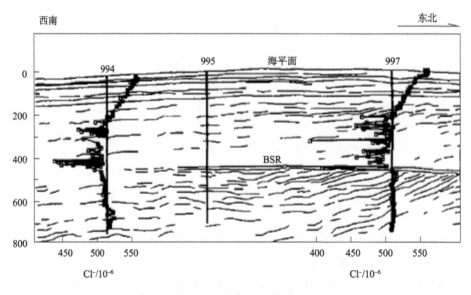

图 9-1　ODP 164 航次 BSR 钻井剖面图

（4）证实自然界存在双 BSR。在一些地震剖面上，发现 BSR（即 BSR1）下方还存在一套异常反射，距通常的 BSR 为 0.06～0.07s（约 45m），被称为双 BSR（即 BSR2），双 BSR 与海底平行，切穿沉积反射层，但没有相位反转，与海底反射具有相同极性。与 SR 相比，双 BSR 分布更为局限。由于在不同海域、利用不同采集系统获得的地震剖面上均观测到了双 BSR 现象，因此，双 BSR 是真实的反射异常，而不是假象。目前，世界上主要在两个海域发现了较为典型的双 BSR，一个位于挪威西部大陆边缘，一个位于日本东南海槽大陆边缘。

（5）天然气水合物 BSR 界面之下，即游离气层系赋存位置，一般厚度为 7～210m。

（6）天然气水合物可分布于深海大于 700 m 水深的海底表层，一般与断层关系密切，呈带状，宽十余米；目前，在海底表层取得天然气水合物样品的海域包括美国"水合物海岭""布莱克海域"，墨西哥湾海域，加拿大温哥华岛海域，俄罗斯里海海域，日本南海海槽等。天然气水合物可分布于被动与活动大陆边缘，目前大多数样品采自活动大陆边缘：

①大陆和大陆架的永久冻土带地区；②分隔的大洋外部包括主动（汇聚）大陆边缘或被动（离散）大陆边缘地区；③深水湖泊之中；④大洋板块的内部地区，如西太平洋海域的白令海、鄂霍次克海、千岛海沟、日本海、日本四国海槽、日本南海海槽、冲绳海槽、台湾岛西南部海域、台湾岛东部海域、环中国南海的东沙海槽、西沙海槽、南沙海槽与南沙海域、苏拉威西海、澳大利亚西北海域及新西兰北岛外海，东太平洋海域的中美海槽、美国北加利福尼亚-俄勒冈岸外海域、秘鲁海槽，大西洋西部海域，即美国东南部大陆边缘的布莱克海台、墨西哥湾、加勒比海及南美东部岸外陆缘海、非洲西海岸岸外海域、印度洋的阿曼湾、孟加拉湾、北极的巴伦支海和波弗特海、南极的罗斯海和威德尔海、内陆的黑海和里海等。

据统计，全球极地-永久冻土带地区陆域面积为 $1.1 \times 10^{7} km^{2}$，我国青藏高原多年冻土带面积为 $2.31588 \times 10^{6} km^{2}$。在这些地区，天然气水合物赋存的深度上限约为 1500m（表 9-1）；在大洋沉积物中（底水温度接近 0℃），天然气水合物赋存水深须超过 300m。天然气水合物赋存深度的下限取决于地温梯度，最大深度在海底未固结沉积物表面之下 1500m。视具体温度压力条件而定，目前获得样品的深度小于 1200m。

表 9-1　俄罗斯、美国、中国典型多年冻土带地区天然气水合物特征

地点	地理位置	冻土层厚度/m	冻土层内地温梯度/（℃/100m）	冻土层下地温梯度/（℃/100m）	水合物埋藏深度/m	气体成分与含量/%
西伯利亚麦索亚哈（俄）	极地	320	0.6	1.8	500～1500	生物甲烷 99%
阿拉斯加（美）	极地	174～630	1.5～4.5	1.6～5.2	320～700	热成因甲烷 89%～97%
青藏高原（中）	高原	30～128.5	1.1～3.3	2.8～5.1		

（7）天然气水合物钻井测井表现为两低三高的特征，即低视密度（$1.05g/cm^{3}$）、低自然伽马值（15～25API）、高视电阻率（大约 155Ω·m）、高声波速度（1.9～3.6km/s）、高中子孔隙度（67%）。

（8）在天然气水合物 I 型、II 型和 H 型 3 种类型化合物中，实际发现的主要是生物甲烷气，即所谓 I 型气，热成因气较为少见（目前只在墨西哥湾和里海海域被发现）。

（9）天然气水合物形成分解严格遵守物化平衡相态条件：样品一旦到达地面，短时间内即开始融化；但在加拿大麦肯齐河三角洲永久冻土带地区可保持 4 小时（地面温度为-4℃）。

（10）天然气水合物呈纵波高速异常，完全生物成因纯天然气水合物纵波速度大于等于 3600 m/s。

（11）深海天然气水合物以冰结晶体、成层状、胶结充填状产自以细沙为主的海底沉积物，时代主要为晚中新世—晚上新世—第四纪。

世界天然气水合物资源评估与国内相比，上述 6 项研究工作内容在国外已经具有相当基础，部分可领先 10～15 年。最突出的成果是，许多科学家对全球天然气水合物含甲烷资源量的科学评估，以及美国、日本、加拿大等国针对各自海域天然气水合物资源的多轮资源和经济评价。这些评估结果是推动和形成目前全球天然气水合物调查研究与勘探开发研究热点的原动力。

对世界天然气水合物资源潜力的评估分为 1980 年以前、1980～1995 年和 1995 年以来三个相互区别的阶段，分别表现为 1980 年以前的"推测性"阶段，1980～1995 年的"底限值"阶段和 1995 年以来的"确定性"阶段。

1980 年前，针对天然气水合物含甲烷资源量的估算具有很大"推测性"特点，这是由当时科学界对于天然气水合物的认识程度低和资料不足的基本情况决定的。但也综合考虑了温度、沉积物厚度、有机质百分含量、甲烷产量和保留量等诸多因素（Trofimuk *et al.*，1977）。其中，估算永久冻土带中天然气水合物含甲烷资源量为 $5 \times 10^2 \sim 1.2 \times 10^6$ Tcf（$1.4 \times 10^{13} \sim 3.4 \times 10^{16} m^3$），估算海洋沉积物中天然气水合物含甲烷资源量为 $1.1 \times 10^5 \sim 2.7 \times 10^8$ Tcf（$3.1 \times 10^{15} \sim 7.6 \times 10^{18} m^3$）。

1980 年以后，国际上的代表性认识是，确定的深海海洋沉积物中天然气水合物含甲烷资源量 2.7×10^8 Tcf（$7.6 \times 10^{18} m^3$）显然大得并非事实。因此，在随后的估算工作中估算参数取值只相当于 1980 年以前的"底限值"，结果自然要低。

迄今文献大量报道的全球天然气水合物含甲烷资源量为 $1.0 \times 10^{16} m^3$ 和 $1.1 \times 10^{16} m^3$（Milkov and Sassen，2001）。该资源量由"容积法"算得，相应的计算参数如下：取全球海域含天然气水合物矿层面积 $5 \times 10^{18} \sim 6 \times 10^{18} km^2$，矿层沉积天然气水合物厚度为 500m，沉积物孔隙度为 50%，充填率为 10%。这就是所谓该天然气水合物中含甲烷资源量为已知煤、石油和常规天然气甲烷当量（约为 $5 \times 10^{15} m^3$）两倍结论的由来。显然，该批成果并非十分精确，却是比较经典的，目前已被国际科学界和新闻界广泛引用与报道。

1995 年以来，进入国际天然气水合物中含甲烷资源量资源评估的"确定性"阶段。表现为与世界各国的重视和大量投入的匹配，更多科学家对全球海域和各自海域天然气水合物中含甲烷资源量估算的现存结果和方法理论体系存在质疑，并在小区块和各自海域开展了参数实测，进一步完成了精细评估与"确定性"取值。应当说，期待该项工作的全面系统结果或说是"确定性"结果尚有待时日。当然，对我国科学家的相关工作尚难以进行以上界定，迄今对我国南海海域天然气水合物中含甲烷资源总量的多轮测算工作，或相当于我国现已发现石油和常规天然气甲烷当量的二分之一（金庆焕和周才凡，2003）。

9.2.3　各国主要工作进展

目前，有 30 多个国家与地区开展了天然气水合物调查研究。已在全球 116 个地区发现了天然气水合物存在标志或实物样品。其中，陆地 38 处（永久冻土带），海洋 78 处。这些发现多数体现了海洋高新技术，包括高分辨率地震资料的采集、处理和解释以获取地震 BSR 标志，ODP-DSDP 航次实施钻探和样品采集，深海底定位与实时摄像等成果。其中，有 23 处取得了实物样品（包括钻井取样 15 处和重力活塞取样 8 处），测井曲线解释 8 处。

1. 美国天然气水合物资源评估

目前，美国在天然气水合物研究方面处于领先地位。1995 年，ODP 164 航次在美国布莱克海台钻探完成 4 个站位，验证了地震剖面上从无 BSR 反射（994 站位）到中等强度 BSR 反射（995 站位）和很强 BSR 反射（997 站位）现象与天然气水合物赋存状况的关系。结果在无 BSR 反射的 994 站位 259m、261m 获得小结核状和小块状天然气水合物实物样品；在 BSR 反射很强的 997 站位 331m 处获得 5cm、7cm、15cm 和大于 30cm 块状天然气水合物实物样品；但在 995 站位没有获得样品。估算 994～997 站位天然气水合物含甲烷资源量为 $33.88 \times 10^8 m^3$。在该航次 996 站位 2.6～63m 的地层浅部获得长度为 5～8cm 块状实物样品。由此，证实和推断形成以下重要认识。

（1）确认无 BSR 反射的 994 站位天然气水合物的含量并不少于 995～997 站位，解释为该站位天然气水合物稳定带之下没有足够的甲烷气体来饱和孔隙水。

（2）在海底最浅部的几十厘米深处具有几个明显的天然气水合物层，在海底以下 25cm 深度内天然气水合物占沉积物体积的 10%～30%；在海底以下 200～450 m（BSR 位置），天然气水合物占沉积物体积的 1%～14%。在 995 站和 997 站位海底以下 190～600m，发现保压保温取心器内岩心含气体平均值为每立方米孔隙空间有 0.55mol 甲烷。

（3）布莱克海台含天然气水合物沉积物为中新世—更新世的灰绿色含有孔虫和富含钙质超微化石软泥，沉积速率高达 5.9～26cm/ka。

（4）995～997 站位的 BSR 均与其下伏所含游离气有关，采获天然气水合物样品的深度均远在 BSR 之上；BSR 反射上下层位的岩性、孔隙度、岩石密度、水的含量等均无变化。

（5）ODP 164 航次 997 站位在 200～450m 发现 C_1 含量呈较大分布异常，CH_4 与 CO_2 的碳同位素之间存在同步消长关系。

（6）ODP 164 航次 996 站位位于布莱克海台-底辟（black ridge diapir）顶部和断层附近，具有 BSR 反射异常，通过海底摄像在断裂顶部发现了上涌的甲烷气柱和与甲烷溢气口相关的生物群落；在孔深为 2.6～63m 浅层取到脉状、结核状和长 5～8cm 块状水合物样品。

1995 年，根据 ODP 164 航次钻井取样的成果，美国地质调查局完成了全美天然气水合物资源的评估。该次评估的焦点，是力图以国家评估报告形式证明储存在美国近海和外海地区原地天然气水合物中的天然气体积，提出控制天然气水合物存在的地质参数，评价美国天然气水合物与全美已经发现与尚未发现的常规-非常规烃类的资源。

该次评价将有关地质背景与烃类聚集潜力的作用分类，将作用于烃类聚集地质作用的因素模式化，提出烃类生成与聚集模式的主要地质属性概率，量化了烃类聚集的必要地质因素。获得全美适宜位置内（含海底与阿拉斯加永冻层）天然气水合物甲烷资源为（320～19000）$\times 10^{12} m^3$，中间值为 $9 \times 10^{15} m^3$（Dallimore and Collett，1995），下限值为 $6 \times 10^{15} m^3$（Dallimore and Collett，1995），表明全美天然气水合物的巨大资源潜力。其中，专门核算了布莱克海台一个面积为 $3000km^2$ 的区块（体积为 $1.13 \times 10^{11} m^3$），含甲烷资源 $1.8 \times 10^{13} m^3$，或 $3 \times 10^{13} m^3$（Dickens et al.，1997）。

地震反射剖面表明布莱克海台天然气水合物和游离气带延展达 $26000km^2$，估算时假定该面积足以代表整个布莱克海台地区含天然气水合物的情况，算得布莱克海台天然气水合物与游离气带含甲烷 4.7×10^{10}t。倘若确认此计算结果，则该数值大约占地球生物圈总碳含量的 7%，按照 1996 年全美天然气的消费量折算，将可满足美国 105 年的需要。由于 ODP 164 航次的出色成果，1997 年，美国总统科学和技术顾问委员会在《21 世纪能源研究和开发面临的挑战》报告中明确建议美国能源部等政府部门联合制定一个全球甲烷天然气水合物的研究计划，资助 2 亿美元，在 10 年间完成天然气水合物研究开发计划。

1998 年 5 月 24 日，美国参议院能源委员会一致通过了 1418 号议案——"天然气水合物研究与资源开发计划"。把天然气水合物资源作为国家发展的战略能源列入长远计划，该议案批准天然气水合物资源研究开发年投入经费 2000 万美元，要求能源部 2015 年实施商业性开采。1999 年，美国制定了勘探开发天然气水合物的法律条文。

2001 年，美国完成了墨西哥湾专属经济区内天然气水合物含甲烷资源估算。该评价区水深为 500～1500m，面积约 70000km²，确定有两类天然气水合物矿藏：一类为天然气水合物混合成因气藏，标准状态下含 8×10^{12}～11×10^{12}m³ 甲烷（C_1）、乙烷（C_2）、丙烷（C_3）、丁烷（C_4）、戊烷（C_5）资源量，提出了未来进行经济钻探的目标；另一类为天然气水合物生物成因气藏，标准状态下含甲烷资源量为 2×10^{12}～3×10^{12} m³。其中，该次评价目标达 100 多个，分布于整个评价区，结果获得单位面积天然气水合物含甲烷资源密度至少为过去的 15 倍（Milkov and Sassen，2001）。

具有重要借鉴意义的是，美国将天然气水合物开发研究提高到能源、全球气候变化、海底稳定性、灾害和国家经济安全的高度，其目的不仅仅是为了向国内提供持续不断的化石燃料和基本的安全能源保障，确保美国国内能源稳定供应，更为重要的是要提高美国人民的生活质量，保护生态、环境及国家安全。

2. 俄罗斯天然气水合物资源评估

俄罗斯是最早发现和全方位开展天然气水合物资源调查评价的国家之一。除其领海（鄂霍次克海、白令海、里海、北冰洋等）有巨大天然气水合物资源潜力以外，俄罗斯还拥有全球唯一正在从天然气水合物中采掘天然气的永久冻土带气田——西西伯利亚 Messoyaha（麦索亚哈）气田，迄今为止该气田已经半连续生产超过 20 年。俄罗斯还在贝加尔湖淡水沉积物中发现天然气水合物，在里海 1950m 水深处发现冰状天然气水合物晶体；确定在黑海海域海底天然气水合物矿层厚度达 6m，在 6～650m 深处存在 150 多个天然气水合物矿藏，天然气水合物含甲烷资源量为 2.0×10^{14}～2.5×10^{14}m³。

1994 年以来，俄罗斯在太平洋西北部 Shatsky 洋中脊水深为 2500～3400m 的地区发现标准 BSR，埋深为 40～160 m。2000 年，N. B. Kakvnov 等评价提交了俄罗斯欧洲东北部乌拉尔山以西永久冻土带地区的天然气水合物含甲烷资源量为 100×10^9m³（3.5TCF）。据 Virkuta 市附近 Kosyu-Rogov 凹陷和 Korataika 洼地北部约 50 口井岩心确定科米共和国永久冻土层以下有一个厚度达 150～400m 的天然气水合物矿带，上覆永久冻土层厚度多小于 300 m。确定其中含天然气水合物矿带形成于更新世至今，是气候与地质条件产物；矿层温度为 1～2℃，烃类流体源于泥盆系，沿断层或裂隙穿过二叠系运移，逐渐成藏达 1.2×10^5km²。

2002 年，针对黑海边缘及中心地区天然气水合物的资源评价综合分析了沉积物深度、温度、热流、地温梯度-热导率、物理化学平衡相、不同深度有机质含量与孔隙度,稳定带内水合物含量及天然气体积膨胀系数。其中,水合物矿层水深 620~700m,深水区面积的 91%(290000km^2)是天然气水合物赋存区带;最有利远景区占整个黑海面积的 35.5%,面积为 100800km^2,稳定带面积为 25600~30000km^2,占整个最有利远景区面积的 30%。计算时取纯天然气水合物占海底沉积物 3.0%~3.5%,即 0.3%×10^{12}~0.35%×10^{12}km^2,乘以系数 140,获黑海天然气水合物资源量为 3.00×10^{11}~3.50×10^{11}m^3,其中含天然气 4.2×10^{13}~4.9×10^{13}m^3。

3. 日本天然气水合物资源评估

日本历来是一个资源极度贫乏的国家和能源进口消费大国。作为一个资源极度匮乏的国家,日本目前正在竭尽全力为保障能源安全尽可能"多"地和尽可能"早"地求助于天然气水合物,并花大力气力求在勘探-开发方面取得突破。

1994 年,日本成立了天然气水合物开发促进委员会,先后启动了"天然气水合物研究及开发推进初步计划"和"开发利用天然气水合物"国家计划。由日本通产省协调,日本地质调查局加上 10 家石油公司共同组织进行早期调查勘探、钻探,进行了天然气水合物相关技术研究和资源评价。其研究开发国家五年计划(1995~1999 年)投入经费 6400 万美元,东京大学等机构的科学家在其他项目支持下开展了深入的研究与实验工作。自 1994 年以来,日本地质调查局与东京天然气公司、大阪天然气公司、日本石油勘探公司合作开展天然气水合物基础研究,早期的一些研究成果在 1998 年的地质调查局月报有集中发表。1997~1999 年,通产省下属的新能源技术综合开发机构(NEDO)设立了以研究为主旨的项目——天然气水合物资源化技术先导研究开发,这些成果基本上没有发表。迄今为止,日本在其西南海海槽与东南海海槽两个地区积累了丰富的地球物理资料,包括高精度热流测量、深潜器、地质与地球化学、水深与旁侧声呐及大量热流数据,尤其是 4 个 DSDP/ODP 航次(31、87、131、190)的钻探数据资料等。值得指出的是,1999 年 6~8 月,日本和美国合作采集了 80km×8km 三维多道地震数据。目前,日本已圈定其周边海域 12 个天然气水合物分布区,用体积法估算在其南海海槽、富山海槽、日本海东部边缘、Choshi 陆架山和种子岛东-日向-纳达等海域天然气水合物含甲烷资源量为 4×10^{12}m^3,并报道全日本天然气水合物含甲烷资源总量为 2.056×10^{13}~1.423×10^{14}m^3。

1997 年,日本开始与美国、加拿大合作在阿拉斯加打一口示范井。1999 年,日本在南海海槽水深 900 余米的海域完成井位调查,并先后钻探了间隔 100 m 的 6 口探井,作业者为 JAPEX(日本石油勘探公司),经费预算为 50 亿日元;先期钻探的两口井深度均为 250m,其中采获的样品证实地层有足够的强度放置套管,实测地温梯度为 4℃/100m,海底温度为 3~4℃。Dickens 等于 1994 年根据天然气水合物物理化学相态平衡图,估算稳定带底界深度为 250~300m,证实这两口井钻穿了大部分稳定带地层。虽然在其岩心中未能观测到天然气水合物,也未获得天然气水合物存在的证据,但发现部分孔隙水氯离子浓度含量低,推测可能存在天然气水合物。由于该处在新采集的剖面上 BSR 不连续,将原设计井位向 SSE 方向位移 300m,新井位处 BSR 连续,并解释其他 BSR 的不连续性与地层孔隙度和渗透率不均匀性有关:在倾斜的高孔隙度砂层内可能含水平 BSR,而非渗透性泥岩不含水合物，故无 BSR。

1999 年 11 月 16 日主孔开钻，于 11 月 19 日～12 月 2 日在 1110～1146 m 与 1151～1175m 进行常规取心，5 次取心率为 35.5m/60m。在 1254～1272m 的取心使用了保温保压取心器，取心率仅为 5.5m/18m，大大低于常规取心器的取心率。根据岩心释放出大量天然气，样品异常低温与孔隙水氯离子浓度低，认为在 1152～1210 m 区间 16m 的 3 层沉积物中存在天然气水合物，并获得了像"湿润的雪团"一样的天然气水合物样品，确定岩心中含天然气水合物矿层最高可达 20%。据此，估算南海海槽天然气水合物含甲烷资源量，约占日本全国资源总量的 58%，达 $2.71 \times 10^{12} m^3$ 或 3.35×10^{12}～$16.76 \times 10^{12} m^3$（Satoh，2003）。

之后，以日本为主导，已经结束在加拿大西北部永久冻土带地区麦肯齐河三角洲 Mallik 2L-38 井、3L-38 井、4L-38 井的钻探，进而推进了人类大规模工业性开发利用天然气水合物甲烷的进程；也表明日本力求在天然气水合物开发的研究与实验方面保持领先地位的意图。日本计划实施其海域天然气水合物商业性开发的时间是 2010 年。事实上日本相关天然气水合物开发钻探集中于南海海槽，后续工作并非如人意。

4. 加拿大天然气水合物资源勘查与评估

在加拿大西北部永久冻土带钻探的天然气水合物开发井——马更些河（Mackenzie）三角洲 Mallik 2L-38 井世界闻名。该井深 1150m，由 JAPEX（日本石油勘探公司）、JNOC（日本国家石油公团）和 GSC（加拿大地质调查局）联合在 39 天内完成，该井于 897～952m 的永久冻土层采获 37m 保留了天然气水合物层序互层特征的岩心。其中，碎屑砂岩和砾石层孔隙度分别为 32%～45% 和 23%～29%，稳定带厚度为 200～800m，估算圈闭在 Mallik 井构造中天然气水合物含甲烷资源量为 $1.1 \times 10^{11} m^3$（Helgerud et al.，1999），相当于一个超大型气田的资源量规模，分别占加拿大天然气总资源量的 0.4% 和加拿大全国天然气年产量的 60%。在取得大量实际开发资料基础上，集中在该地的加拿大、日本、美国、印度等 6 国科学家已经完成 Mallik 4L-38 井的钻探，开始进行新一轮的综合研究工作。

2001 年，加拿大对其全国天然气水合物进行了资源评价，完成了马更些河三角洲-波弗特海、北极群岛、大西洋边缘、加拿大西海岸的太平洋边缘 4 个海陆区带的工作。保守估算加拿大天然气水合物含甲烷资源量 0.44×10^{14}～$8.1 \times 10^{14} m^3$，而常规天然气资源量为 $0.27 \times 10^{14} m^3$，即该区天然气水合物含甲烷资源量是其常规天然气资源量的 1.6～30 倍。其中，马更些河三角洲-波佛特海地区为 0.24×10^{13}～$8.7 \times 10^{13} m^3$，北极群岛地区为 0.19×10^{14}～$6.2 \times 10^{14} m^3$，大西洋边缘地区为 1.9×10^{13}～$7.8 \times 10^{13} m^3$，太平洋边缘地区为 0.32×10^{13}～$2.4 \times 10^{13} m^3$（Majorowicz and Osadetz，2001）。

5. 南美洲巴西-秘鲁天然气水合物资源评估

在南美洲，巴西针对大西洋沿岸大陆边缘末端部分亚马孙 Pelotas 盆地和 Fozcho 盆地深海沉积物天然气水合物中含甲烷资源潜力分别进行了评估，指出 Pelotas 盆地天然气水合物出现的范围达 $4.5 \times 10^4 km^2$，水深变化范围为 500～3500m；但认为在 Fozcho 盆地天然气水合物分布局限。由于在该两个盆地的工作程度较低，可利用的资料较有限，故在评估时对比利用了 ODP 164 航次的钻井参数，其预测评价的 Pelotas 盆地天然气水合物含甲烷资源为 782 TCF，这在世界范围内也可算得上是较大的资源潜量。

在秘鲁的相关发现表明，当沉积物含碳量小于等于 1%时，地震测线上无 BSR 记录；而在快速下降盆地中，当沉积物含碳量为 4%～8%时，地震测线上也无 BSR 记录；在构造上升区富碳沉积物的地震记录 BSR 明显，其下游离气的厚度达到 5.5～17 m，而在 BSR 反射较弱时，游离气的厚度要小于 5.5 m 甚至完全缺失。十分重要的是，ODP 688 站位在地震解释 BSR 反射较弱与空白处钻井，于–141m 成功发现了天然气水合物。

6. 刚果天然气水合物资源评估

在非洲，刚果针对岸外地震资料进行了天然气水合物中含甲烷资源量评估。评估区天然气水合物矿层不连续分布在海底以下 200～600m，水深一般大于 1200m。确定控制天然气水合物形成和分布的主要地质条件是刚果峡谷。广泛分布的天然气水合物和下伏游离气的出现十分接近峡谷。峡谷北部天然气水合物分布变得断断续续。在这里，天然气水合物的存在可能与下伏晚中新世沉积的深水峡谷杂岩存在有关。峡谷展布与天然气水合物赋存有关，峡谷可能作为运移气体的可渗透导管，并促进后期天然气水合物矿层的形成。

7. 亚洲部分国家天然气水合物调查与资源评估

巴基斯坦多次借助他国科学家及其深海调查船开展天然气水合物调查工作，在水深 500～3300m 的莫克兰增生楔地区发现了 BSR 反射，目前该项工作发表的公开性成果集中在研究区热流和针对 BSR 异常反射的评价研究方面，始于 1982 年英国剑桥大学科学家的早期研究，以及 1997～1998 年借助于德国"太阳号"调查船完成的数次调查航次的成果。

印度对天然气水合物的投入约为 9000 万元/年（1996～2000 年），目前，分别在其东、西部近海的孟加拉湾与阿拉伯海开展天然气水合物调查研究工作。在印度洋西北部的阿曼湾已发现有天然气水合物存在的证据。DSDP 曾在帝汶海槽轴部以南，Ashmore 礁西北 230km，水深 2315m 处钻探了 262 号孔，该孔上部 300m 的岩心显示出很强的含气性，并由此推测 262 号孔岩心含有丰富的天然气水合物。

韩国视天然气水合物研究为其最为重要的研究学科之一，由地质矿产与资源研究院于 1997～1999 年在郁龙盆地局部地区完成了天然气水合物地球物理调查，由此确定了天然气水合物矿床存在的可能性。之后其商业、工业和能源部制定了天然气水合物长期规划蓝图。从 2000 年开始，韩国稳定地执行该规划调查和研究三阶段第一阶段五年计划的年度任务。其中，将主要完成其管辖海域内区域地球物理调查和评价。目前，韩国已在郁龙盆地东南部和西南部（斜坡区）发现了变形 BSR，尤其在该盆地北部发现较为典型的 BSR，含气沉积物存在有麻坑（pockmark）标志，在浊积岩顶部发现富菱锰矿（天然碳酸锰）结核；其底水温度为 0～1℃，地温梯度为 37～39℃，沉积物平均热流为 2.35HFU，水深为 2050m，埋深为 200m；BSR 之下并发现较大规模浅层天然气。

8. 德国的天然气水合物资源调查研究工作

由于领海水浅，所以德国没有天然气水合物资源。但是德国投入 9000 万马克设立了国家天然气水合物调查研究专项，组织实施了德国、美国、加拿大、俄罗斯四国合作项目。其中，德国"太阳号"科学调查船的活动和成果在全球最为引人注目。1999 年 7～9 月，该船在 ODP 892 航次首次采用高技术系列在"水合物海岭"（44°40′N，125°06′W）水深 782m 的海底利用采集（利用实时摄像系统，容积 0.5m³ 的大型抓斗在深海海底表层）、原地合成（利用特殊玻璃试管在深海海底甲烷溢气口）和取样（利用多管深水浅孔取样器在深海底浅表层）3 种不同的方法同时获得了天然气水合物冰结晶体样品实物，这在国际上尚属首次。同时，还在调查中使用旁侧声呐技术与声波探测技术分别完成了海底地貌调查和海底甲烷气柱的探测，工作中租用了美国"阿尔文"（Alvin）号深潜器。成果包括大块状天然气水合物样品，以及在多个 50～150 cm 长岩心柱中发现了呈层状、星点-结核状天然气水合物。

"水合物海岭"海域深海沉积物岩性与布莱克海台相同，也为灰绿色含有孔虫和富含钙质超微化石的软泥，地质时代为晚更新世—全新世；沉积速率高达 28～70cm/ka。

9.3　东海天然气水合物形成基本条件

东海适宜天然气水合物形成的海区只有冲绳海槽。冲绳海槽位于西太平洋边缘海中部，是岛弧内侧一个扩张型浅海-深海弧后海槽，也是太平洋板块向欧亚板块俯冲带沟（琉球海沟）-弧（琉球岛弧）-盆（冲绳海槽盆地）体系的主要一环，产生于欧亚板块与太平洋板块相互作用，是一个正在形成的大陆边缘弧后海槽。

1. 地形地貌条件

冲绳海槽北部与日本天草褶皱带相连，向西南插入台湾岛东北部；南北长约 1200km，东西宽 120km，面积为 15 万 km²，是一个北东向舟状的、半深水-深水的海槽背景地形区。海槽南深北浅，大于 300m 水深的面积为 $1.15 \times 10^5 km^2$，主要位于西部大陆坡与东部岛架坡之下，最大水深位于海槽南部的海槽拗陷，达 2319m。

冲绳海槽发育槽状多级台阶北浅南深地形。北部地形高，水深为 500～1000m；中部为 700～1500m；南部地形低，水深为 1000～2300m；划分为海槽西坡、东坡和槽底 3 个地形单元。海槽西部，即东海陆坡，北起日本五岛列岛，南至台湾岛东北海域，水深为 200～1500m；地形比较复杂；海槽东坡为琉球岛坡，岛坡带狭窄、水浅；海槽槽底的南部、中部地形比较复杂，边缘发育许多海丘和海底火山，地形起伏不平，水深由北向西南增大，北部深 700～800m，向西南方向明显加深，26°11.8′N、125°54.2′E 附近水深超过 2300m。

2. 构造条件

冲绳海槽的形成是新近纪太平洋板块-菲律宾海板块与欧亚板块的构造运动结果，称为冲绳海槽运动。冲绳海槽运动分为两大构造运动幕：中新世的构造运动称为海槽运动 I 幕，上新世末至更新世初的构造运动为海槽运动 II 幕。

冲绳海槽内部年轻断裂发育，具有明显拉张裂陷特征；海槽东西两侧以阶梯状正断层分别与钓鱼岛隆褶带和琉球岛弧隆起带分界，形成了裂谷型断陷构造体系，表明冲绳海槽扩张初期的裂谷性质。张裂活动可能始于中新世末或上新世初。冲绳海槽中新世末和上新世末两次构造运动在海槽北部形成一定规模的褶皱和冲断断层；上新世—更新世海槽的扩张活动形成海槽南部年轻的活动断层，这两类断裂分别是火山岩浆活动与烃类气体运移的通道。

3. 地震地层及沉积与岩性条件

冲绳海槽存在 5 套地震反射波组：T_0^1、T_1^0、T_2^0、T_2^4 和 T_g。其中，T_1^0 为第四系底界或上新统顶界面反射波，属于全新统，对应地震波组为海底，即 T_0^1；更新统对应地震波组 T_1^0、T_1^0；T_2^0 为上新统底界或中新统顶界面反射波，呈充填式沉积；T_2^4 为中新统底界或前中新统顶界面反射波，呈充填式沉积，分布局限；T_g 为基底面反射波。

冲绳海槽发育有第四系、上新统、中新统及前中新统，沉积层最大厚度超过 12000 m。具有由西向东、由北往南逐渐变新、变厚特征；中新统最大厚度达 5000～6000m。冲绳海槽晚更新世平均沉积速率为 0.07～0.2m/a，比全新世沉积物平均沉积速率（0.02～0.08m/a）大许多，这是晚更新世低位体系域期间大量陆源和火山碎屑物质输入的结果。冲绳海槽西坡中段水深大于 1000m，沉积物主要为黏土质粉砂，在个别地段见浊积层，沉积速率为 0.1～0.4 m/a。海槽槽底与西坡坡角沉积速率达 40cm/ka。

根据宫古近海一井和吐噶喇一井资料推测，冲绳海槽地区中新统地层岩性主要是砂岩、泥岩互层和熔凝灰岩等火成岩类，为海陆过渡相沉积。上新统地层岩性为白云质泥岩和砂岩、中粒砂岩及火成碎屑岩和熔岩，为浅海-半深海相。第四系为未固结的绿灰色凝灰质黏土、淡褐色和绿灰色多孔砂岩、中粒凝灰质砂等，含潜穴化石，为浅海-半深海-深海相沉积。

4. 热力学条件

新近纪板块构造的强烈活动孕育了冲绳海槽盆地高热流、高地温梯度与强烈的火山活动，同时包括黑潮活动。由于这是一个近期仍在扩张、快速沉积的幼年期裂谷构造和地壳、岩石圈急剧变薄的盆地，这里地壳很薄，仅 14km，岩石圈最薄为 50km，均位于冲绳海槽南部。因此，冲绳海槽盆地是大陆裂谷演化最高阶段的产物，是全球在陆壳发育形成的最为年轻的边缘海盆地，且现今仍在活动的边缘海盆地只有冲绳海槽。

1）热流条件

实测积累数据表明，冲绳海槽盆地大地热流值相对较高，地温梯度和热流值变化范围也较大。特别是热流变化幅度大，范围在 9～10109mW/m²，一般在 35～584mW/m²，平均热流值为 459mW/m²；地温梯度范围最小为 0.8℃/100m，一般在 3.8℃/100m，最大达到 34℃/100m。其中，海槽北段西侧槽坡热流值相对最低，小于 40mW/m²；海槽中段热流平均值最高达 590mW/m²，而且地震火山活动频繁；海槽南段热流平均值为

$110mW/m^2$，低于中段，但高于北段；此外还存在多数高热流测点集中分布于海槽中轴附近的特征。因而，有关冲绳海槽具有全球海域最高热流值的前人观点在海槽中轴附近地区而言是对的，主要反映了海槽中轴附近地区高热流和高地温梯度分布的状况。

总体上，冲绳海槽热流表现出由南西向北东逐渐增高的特征，西南部较低，东北部较高。在26°N以南海域，热流值大多在30～$150mW/m^2$，最高值为$231mW/m^2$，最低值为$9mW/m^2$。地温梯度在2.9～18.0℃/100m，最高为34.0℃/100m，最低为0.8℃/100m。在26°N以北海域，具有极高的热流值和地温梯度，发现了数个高热点区，其中最高热流值为10109℃/100m，但只有1个数据，其代表性弱。

其中，位于27°35′N、127°09′E附近的"夏岛-84"凹陷，水深为1750～1800m，面积为$4km^2$，热流平均值为$590±440mW/m^2$，有5个站位测值超过$1000mW/m^2$。位于"夏岛-84"凹陷东侧的"东部"凹陷（27°35′N，127°12′E附近），水深为1750～1800m，面积约$6km^2$，热流平均值为$710±690mW/m^2$，最高测量值为$2823mW/m^2$。

分析发现，冲绳海槽热流值极高但高低悬殊。沿中轴实测热流值相当高，已经确定的多处高热流点海域不利于天然气水合物形成与保存；在西南部热流值较低，向东北部热流值逐渐升高，但高热流点附近往往具有低热流测点存在。例如，2001年4月，ODP 195航次在冲绳海槽西南部钻探KS-1井，该井有A、B、C、D 4个站位，完井报告披露了69个实测热导率值，为0.5～1.36W/（m·K），平均为1.0W/（m·K），是系列历史实测数据中的低值，这间接印证了冲绳海槽盆地热流分布的高低分布和不均一的特征。

2）温度条件

中国科学院海洋研究所"科学一号"科学考察船（KX99航次）对冲绳海槽海底温度实测，发现海槽北部330m以深海域14个测站海底温度多为5～8℃（有10个测值），其余为3～5℃；海槽中南部330m以深海域的20个测站海底温度大多在3～5℃，最低为2℃；该处水深为2127m，4个测站温度为5～8℃，一个水深为500m的测站大于12℃。该航次海底沉积物温度的测量是在考察船的后甲板上进行的，以箱式取样器（尺寸为0.8m×0.8m×0.8m）温度计直接测量中深海底沉积物的温度，并将此实测温度视为海底沉积物温度（栾锡武等，2003）。但是，由于从海底到水面的时间最长达2h，样品环境压力的降低（使温度降低）和环境水体温度的升高（10～20℃）的综合效应，该批实测海底温度大于海底原位实际温度是一定的，表明冲绳海槽海底具有形成天然气水合物的温度条件。

3）黑潮

黑潮也称日本暖流，为全球第二大洋流，仅次于墨西哥湾暖流，具有流速强、流量大、流幅狭窄、延伸深邃、高温高盐的特征。因此，黑潮不利于天然气水合物形成和保存。

冲绳海槽是黑潮通道，因此黑潮对于冲绳海槽天然气水合物的影响不可忽视。作为太平洋洋流的一环，黑潮由菲律宾向西北自台湾岛东部海域北上，进入冲绳海槽南部。夏季黑潮的表层水温可达30℃，冬季水温也不低于20℃。在台湾岛东面，发现确定的黑潮流宽达280km，厚约500m，流速为1～1.5kn。黑潮入东海冲绳海槽后，虽然流宽减少至150km，速度却加快到2.5kn，厚度也增加到600m。黑潮侵入研究区可能的分布位置如图9-2所示。

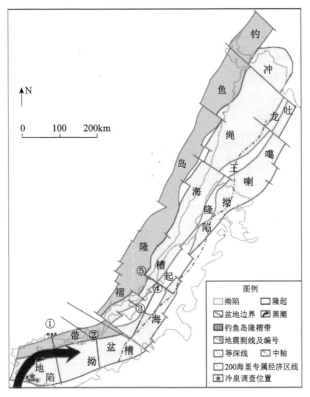

图 9-2　东海陆坡天然气水合物调查研究工作区位置图（据许红等，2013）

　　不难预测，黑潮过处海底表层天然气水合物将荡然无存，即使有也难保存。黑潮对于天然气水合物成藏特别是浅、表层天然气水合物成藏的影响不容忽视，但需细致分析。通过黑潮流动路径与冲绳海槽南部海域海底温度实测数据对比，发现即使是黑潮流经的海域（图 9-2），其附近更深的海底已经发现了白色二氧化碳水合物[图 9-3（c）、图 9-3（d）]及其黄、黑烟囱[图 9-3（a）、图 9-3（b）]。

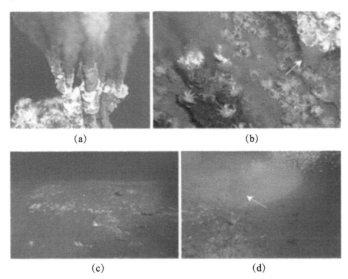

图 9-3　冲绳海槽二氧化碳水合物冷泉与气烟囱影像

4）压力条件

冲绳海槽中轴区最大水深位于南部的海槽拗陷地区，可达 2319m，适宜形成天然气水合物海域的最小水深（大于 250m）的面积约为 11.5 万 km^2。冲绳海槽中轴，即冲绳海槽盆地中心线，以该中轴线为界，适宜形成天然气水合物面积以最小水深 500m 算，面积约 4.7 万 km^2。

收集上述热流、海底温度不同年度实测资料拟合海水深度-温度分布曲线（图9-4），与天然气水合物成藏物理化学平衡状态模拟结果，确定 500m 是冲绳海槽盆地成藏合适水深。

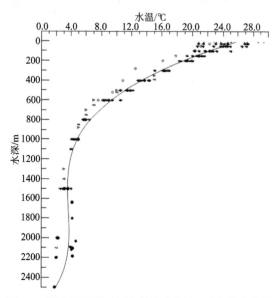

图 9-4　研究区不同时间点的海水深度–温度拟合曲线

5）气源条件

对冲绳海槽西坡中段深海表层样品进行了测试分析，发现有机碳含量为 0.08%～1.08%，其中 5 个样品的有机碳含量是形成"游离气相"的界限值的 5～10 倍；同时有资料显示，海槽西坡中段有机碳含量为 1%～1.25%，均高于相邻陆架与槽底；海槽西北侧陆源和生物源成分有机质含量则高于 0.5%，说明冲绳海槽具有天然气水合物形成的足够物质来源。

6）冲绳海槽二氧化碳水合物与冷（气）泉

前人在冲绳海槽发现了二氧化碳水合物和冷（气）泉（cold seep）。由于"冷"的性质，有关冷（气）泉的形成多与天然气水合物有关。此外，二氧化碳水合物的发现间接证实天然气水合物在冲绳海槽盆地形成赋存的可能性。值得注意的是，该二氧化碳水合物位置靠近台湾岛。

冷（气）泉，即海底天然气渗漏，是全球广泛分布的自然现象，指分布于大陆边缘海底之下，以水、碳氢化合物（天然气和石油）、硫化氢、细粒沉积物为主要成分，流体温度与海水相近的流体，广泛发现于活动与被动大陆边缘斜坡的海底。

国外学者对冷（气）泉进行了多年的研究。1984 年，在俄勒冈州海岸俯冲区首次发现了冷甲烷渗流。之后在太平洋、大西洋、印度洋和北冰洋的活动和被动的大陆边缘发现数十个冷泉。研究程度最高的冷泉分布在阿留申群岛、卡斯凯迪亚、巴巴多斯、俄勒冈州沿岸和墨西哥湾等地。Moore 等（1991）对海底气泉形成机制进行了阐述，认为快速沉积和构造活动是海底气泉形成的重要因素，因为这两种因素的存在往往会在地层中形成并圈闭超高压的多相物质。这些超高压多相物质在一定的条件下会沿断层、地层界面向上流动，或者直接穿刺地层形成底辟，从而在海底形成气泉。

通过调查，在冲绳海槽发现有冷（气）泉。目前，对南海的冷（气）泉包括台湾西南部冷（气）泉的调查研究较为深入，但对东海冲绳海槽冷（气）泉的调查和研究非常不足，尚未判别出冷泉中所含的自生矿物种类，仅在单道地震上识别出气柱，并认为二维地震剖面上的浊反射证明地层中游离气含量比较高，泥底辟发育。

栾锡武和秦蕴珊（2005）提供了冲绳海槽模拟测深剖面及单道地震剖面解释发现的冷泉，具有气柱、海底缺失及地震剖面帘式特征反射等现象，认为是成因于地层中的游离气，而该游离气形成海底气泉。通过计算，获得冲绳海槽宫古段西部槽底的一个次一级盆地中央发育有一处直径在 2.2km 左右的巨型海底气泉，气泉坐标为 26.2°N、125.5°E。通过成因分析，认为泥底辟构造为地层中超高压的气体及低密度流体向上迁移提供有效通道，是该海底气泉发育的直接构造原因。

9.4　东海天然气水合物形成与物理化学相平衡稳定域动力学

天然气水合物的形成，除了上述必须达到的合适温度压力条件、充足的甲烷供应和适宜的孔隙空间以外，还取决于水-气-水合物体系和该体系温压和气相+液相物质的组成满足平衡。气体的组成、孔隙流体的盐度、孔隙半径的大小对水合物稳定带形成的温压条件都有不同程度的影响，因此，需要通用程序定量计算混合体系水合物生成-分解的温压条件和海底的稳定域。天然气水合物相态转换的临界温度-压力关系曲线将是该过程判别甲烷-水-水合物体系相态、计算海底天然气水合物稳定域底界深度的关键要素，也是天然气水合物成藏模拟计算关键环节。

本节通过大量实验数据和相对较为成熟的气体-水-水合物三相平衡物理化学状态模型，利用相对方便简单、精度足够的计算方法，开展含不同气体成分和盐度体系中水合物生成与分解的温-压条件研究，进而实施天然气水合物成藏动力学模拟及资源潜力的定量评价。

9.4.1　混合体系水合物形成的温压条件

通过实验可精确了解由真实气体形成水合物的各种参数，俄罗斯、日本、美国、加拿大等国家相继建立了人工的或半天然的实验室、实验场，进行了各种条件下的水合物相平衡实验，积累了不少成果。Sloan 1998 年的专著系统地报道了包括 CH_4、C_2H_6、C_3H_8 等烃类气体和 CO_2、N_2、H_2S 等非烃气体体系在内的单气体组分、混合气体组分，以及存在电解质和抑制剂条件下水合物相平衡的实验数据。自 20 世纪 90 年代中后期，国内在天然气水合物相平衡实验方面做了大量工作，如中国石油大学（北京）梅东海等（1998a、b）的研究、天津大学赵炳超和马沛生（1997）等的测试、中国科学院广州能源研究所樊栓狮等的研究等，在水合物三相平衡方面发表了许多成果。与此同时，水合物相平衡理论和模型已得到了长足发展，Van der Waals 和 Platteeuw 1959 年基于统计热力学原理推出了计算水合物相化学势的理论模型，Parrish 和 Prausnitz（1972）将该模型普遍化，使其能预测不同温压条件下的水合物相平衡，Holder 等（1980）、John 等（2010）进行了进一步的修正和改进，Anderson 和 Prausnitz（1986）、Englezos 和 Bishnoi（1988）、梅东海等（1998a、b）将 Van der Waals 模型拓展到含抑制剂（盐、甲醇等）的体系。此外，孔隙介质中水合物形成的实验和模型也得到了深入研究（Handa and Stupin，1992；Wilder et al.，2001；Klauda and Sandler，2001），不过实际沉积物孔隙大小的影响小到几乎可以忽略不计（Kumar et al.，2004）。现有的模型已能很准确地预测模拟水合物形成与分解的温度压力变化与动力学过程及结果。

9.4.2　天然气水合物的组成与结构

天然气水合物是轻烃（CH_4、C_2H_6、C_3H_8 等）、N_2、CO_2 及 N_2S 等小分子气体与水在低温高压条件下形成的非化学计量型笼形化合物。目前，已经发现的水合物晶体结构有3种，von Stackelberg（1949）、Claussen 于 1951 年、Pauling 和 Marsh（1952）等采用 X 射线衍射法确定了 I 型和 II 型水合物的结构，Ripmeester 等于 1987 年和 1990 年测定了 H 型水合物的结构。常见的小分子气体形成结构 I 型或结构 II 型水合物，如 Xe、CH_4、CO_2、H_2S 和乙烷等形成 I 型水合物，N_2、Ar、Kr 和丙烷、异丁烷等形成 II 型水合物（表 9-2）。H 型水合物则由正丁烷、戊烷、环己烷、金刚烷等大尺寸的分子在尺寸较小的 CH_4、H_2S 等分子的帮助下形成。

表 9-2　I 型、II 型两类天然气水合物气体组分充填的空穴类型

组分	I 型		II 型	
	小空穴	大空穴	小空穴	大空穴
CH_4	+	+	+	+
C_2H_6	−	+	−	+
C_3H_8	−	−	−	+
i-C_4H_{10}	−	−	−	+
n-C_4H_{10}	−	−	−	+
CO_2	+	+	+	+
N_2	+	+	+	+
H_2S	+	+	+	+

注：　"+"表示对应气体组分可以充填该类型空穴；"−"表示对应气体组分没有充填该类型空穴。

在水合物中，水分子（主体分子）形成一种笼形点阵结构，气体分子（客体分子）填充于点阵间的球形空穴，每个空穴最多能填充一个气体分子。形成点阵的水分子间由较强的氢键结合，气体分子和水分子间作用力为范德瓦尔斯力。I 型结构和 II 型结构水合物晶格中含有两种类型的空穴（表 9-3），其中一种空穴小一些，称为小孔，另一种大一些，称为大孔；H 型水合物晶格中含有三种类型空穴（图 9-5）。

（1）I 型结构水合物晶体单位晶格（晶胞）为体心立方结构，由 46 个水分子组成。每个晶胞含 8 个容纳气体分子空穴（空腔），其中 2 个为小空腔（又称小孔），6 个为大空腔（又称大孔）。小空腔为正五边形十二面体（5^{12}），大空腔为由两个对置的六边形和在它们中间排列的 12 个五边形构成的十四面体（$5^{12}6^2$）。

（2）II 型结构水合物晶体单位晶格为金刚石型面心立方结构，由 136 个水分子组成。每个单位晶格含有 24 个能容纳气体分子的空穴（空腔），其中 16 个小空腔，8 个大空腔。小空腔也是正五边形十二面体（5^{12}），大空腔为由 12 个五边形和 4 个六边形构成的球形多面体（$5^{12}6^4$）。

（3）H 型结构水合物晶体的单位晶格是六面体结构，由 34 个水分子组成。每个单位晶格含有 3 种不同的空腔：3 个 5^{12} 空腔，2 个 $4^3 5^6 6^3$ 空腔和 1 个 $5^{12}6^8$ 空腔。$4^3 5^6 6^3$ 空腔为由 20 个水分子构成的呈扁球形的十二面体，$5^{12}6^8$ 空腔为由 36 个水分子构成的呈椭球形的二十面体。

表 9-3　水合物晶体特性（Khokhar *et al.*，1998）

水合物结构类型	I 型		II 型		H 型		
空穴种类	小孔	大孔	小孔	大孔	小孔	中孔	大孔
空穴结构	5^{12}	$5^{12}6^2$	5^{12}	$5^{12}6^4$	5^{12}	$4^3 5^6 6^3$	$5^{12}6^8$
空穴数目	2	6	16	8	3	2	1
空穴平均半径/Å	3.91	4.33	3.91	4.73	3.91	4.06	5.71
单位晶胞水分子数	46		136		34		
晶体结构	立方结构		立方结构		六面体		

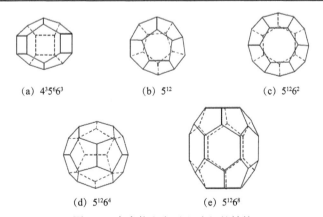

(a) $4^3 5^6 6^3$　　(b) 5^{12}　　(c) $5^{12}6^2$

(d) $5^{12}6^4$　　(e) $5^{12}6^8$

图 9-5　水合物空穴（空腔）的结构

9.4.3　天然气水合物相平衡的数值模型

水合物相平衡时任一组分在各相中的化学势相等,因而水合物相中水的化学势等于水相中水的化学势，即

$$\mu^H - \mu^W = (\mu^\beta - \mu^W) - (\mu^\beta - \mu^H) = \Delta\mu^W - \Delta\mu^H = 0 \qquad (9\text{-}1)$$

式中，μ^H 为水合物相中水的化学势；μ^W 为水相中水的化学势；μ^β 为空水合物晶格的化学势；$\Delta\mu^W$、$\Delta\mu^H$ 分别为水合物相中水的化学势、水相中水的化学势与空水合物晶格的化学势的差值。

1）$\Delta\mu^H$ 的计算

Van der Waals 和 Platteeuw 1959 年推导出计算 $\Delta\mu^H$ 的统计热力学模型：

$$\Delta\mu^H = -RT\sum_{i=1}^{NCAV} v_i \ln(1 - \sum_{j=1}^{N_C}\theta_{ij}) \tag{9-2}$$

式中，R 为气体常数；NCAV 为水合物晶格中空穴类型的数目，对于 I、II 型水合物 NCAV 均为 2，即大小两种空穴；v_i 为单位水分子所含的 i 类型空穴的数目，对于 I 型水合物 $v_1=2/46$，$v_2=6/46$，而对于 II 型水合物 $v_1= 16/136$，$v_2= 8/136$；N_C 为可生成水合物的组分（气体）数目；θ_{ij} 为客体分子 j 在 i 型空穴中的占有分率。

$$\theta_{ij} = C_{ij}f_j / (1+\sum_{j=1}^{N_C}C_{ij}f_j) \tag{9-3}$$

式中，C_{ij} 为客体分子 j 在 i 型空穴中的朗缪尔常数，C_{ij} 反映水合物晶格空穴中客体分子与水分子之间的相互作用的大小，理论上可从分子间相互作用势能函数计算：

$$C_{ij} = \frac{4\pi}{kT}\int_0^R \exp(\frac{-W(r)}{kT})r^2\mathrm{d}r \tag{9-4}$$

式中，$W(r)$ 为水合物晶格空穴中客体分子与构成空穴的水分子间的势能之和；积分项 $\exp[-W(r)/kT]r^2$ 为玻尔兹曼分布因子，通常用 Kihara 势能函数处理水合物。但由势能函数获得朗缪尔常数需要花费计算机很多时间进行积分运算，而用经验公式则快得多。例如，Munck 等（1988）计算 C_{ij} 的公式如下：

$$C_{ij} = (A_{ij} / T) \exp(B_{ij} / T) \tag{9-5}$$

式中，A_{ij}、B_{ij} 为与温度无关的常数，可由实验拟合而求得。

式（9-3）中，f_j 为客体分子（如 CH_4）j 在各相平衡时气相中的逸度

$$f_j= \phi_j y_j P \tag{9-6}$$

式中，y_j 为气相中组分的摩尔分数；ϕ_j 为逸度系数，通常由状态方程计算，本书采用 SRK 方程进行计算，SRK 方程的表示式为

$$P = \frac{RT}{V-b_i} - \frac{a_i(T)}{V(V+b_i)} \tag{9-7}$$

式中，P 为压力；T 为温度；R 为气体常数；V 为摩尔体积；$a_i(T)$、b_i 为与组分 i 的临界温度 T_{ci}、临界压力 P_{ci} 和偏心因子 ω_i 相关的常数（表 9-4），关系如下：

$$a_i(T) = a_{ci}\alpha_i(T) \tag{9-8}$$

$$\alpha_i(T) = [1 + m_i(1 - T_{ri}^{0.5})]^2 \tag{9-9}$$

$$m_i = 0.480 + 1.574\omega_i - 0.176\omega_i^2 \tag{9-10}$$

$$a_{ci} = \Omega_a R^2 T_{ci}^2 / P_{ci} \tag{9-11}$$

$$b_i = \Omega_b RT_{ci} / P_{ci} \tag{9-12}$$

式中，$\Omega_a = 0.42748$，$\Omega_b = 0.08664$。

表 9-4 I 型和 II 型水合物计算朗缪尔常数的参数（Munck *et al.*，1988）

气体	结构	小空穴		大空穴	
		$A \times 10^3 /$（K/atm）	B/K	$A \times 10^3 /$（K/atm）	B/K
CH$_4$	I	0.7228	3187	23.35	2653
	II	0.2207	3453	100.0	1916
C$_2$H$_6$	I	0.0	0.0	3.039	3861
	II	0.0	0.0	240.0	2967
C$_3$H$_8$	II	0.0	0.0	5.455	4638
i-C$_4$H$_{10}$	II	0.0	0.0	189.3	3800
n-C$_4$H$_{10}$	II	0.0	0.0	30.51	3699
N$_2$	I	1.671	2905	6.078	2431
	II	0.1742	3082	18.00	1728
CO$_2$	I	0.00588	5410	3.360	3202
	II	0.0846	3602	846.0	2030
H$_2$S	I	10.06	2999	16.34	3737
	II	0.0650	4613	252.3	2920

逸度系数的计算式为

$$\ln \phi_i = (b_i / b)(Z-1) - \ln Z + \ln[V / (V-b)]$$
$$+ a / bRT [b_i / b - 2 \sum_j z_j (1-k_{ij})(a_i a_j)^{0.5} / a] \ln[(V+b)/V] \tag{9-13}$$

式中，a、b 由混合规则确定：

$$a = \sum_{i=1}^{N} \sum_{j=1}^{N} z_i z_j a_{ij} \tag{9-14}$$

$$b = \sum_i z_i b_i \tag{9-15}$$

式中，z_i、z_j 为组分 i 和 j 的摩尔分数；a_{ij} 的表达式为

$$a_{ij} = (a_i a_j)^{1/2}(1-k_{ij}) \tag{9-16}$$

参数 k_{ij} 为二元作用参数，通常烃类气体之间的作用参数为 0，而烃类气体与非烃类气体之间，以及非烃类气体之间的作用参数不为 0（表 9-5）。

表 9-5　常见天然气气体组分的临界温度、压力与偏心因子

组分	临界温度 T_c/K	临界压力 P_c/MPa	V_c/（cm³/mol）	偏心因子 ω
CH_4	190.55	4.599	98.63	0.0108
C_2H_6	305.33	4.872	146.7	0.0990
C_3H_8	369.82	4.247	201.8	0.1517
$i-C_4H_{10}$	369.82	4.247	201.8	0.1517
$n-C_4H_{10}$	425.18	3.784	258.3	0.1931
CO_2	304.2	7.38	94.0	0.2276
N_2	126.10	3.394	90.1	0.0403
H_2S	373.2	8.94	98.5	0.0814
H_2O	647.1	22.05	56.8	0.3442

2）$\Delta\mu^w$ 的计算

$\Delta\mu^w$ 采用 Holder 等（1980）公式计算：

$$\frac{\Delta\mu^w}{RT} = \frac{\Delta\mu_0^w}{RT_0} - \int_{T_0}^{T}(\frac{\Delta h^w}{RT^2})\,\mathrm{d}T + \int_{0}^{P}(\frac{\Delta V^w}{RT})\,\mathrm{d}P - \ln a_w \qquad （9-17）$$

Δh^w 计算公式为

$$\Delta h^w = \Delta h_0^w + \int_{T}^{T_0} \Delta C_p^w \mathrm{d}T \qquad （9-18）$$

$$\Delta C_p^w = a + b(T_0 - T) \qquad （9-19）$$

所以式（9-17）可整理如下：

$$\frac{\Delta\mu^w}{RT} = \frac{\Delta\mu_0^w}{RT_0} - \frac{a+bT_0}{R}\lg(T_0/T) - \frac{(T-T_0)\big[bT_0(T+T_0) + 2\Delta h_0^w + 2aT_0\big]}{2RT_0T}$$
$$+ \frac{\Delta V^w}{RT}P - \ln a_w \qquad （9-20）$$

式（9-20）中的 $\Delta\mu_0$、ΔV^w 等参数从水合物的热力学性质测量实验得到（表 9-6）。

表 9-6　式（9-20）中的常数取值（Nasrifar et al., 1998）

参数	单位	I	II
$\Delta\mu_0$	J/mol	1264	883
Δh_0^w	J/mol	−4860	−5203.5
ΔV^w	cm³/mol	4.6	5.0
a	J/（mol·K）	−38.13	−38.13
b	J/（mol·K²）	0.141	0.141

式（9-17）中 a_w 为水的活度，对水–气二元系，假设 $\gamma_w=1$，则有 $a_w = x_w = 1-x_{gas}$，x_{gas} 可根据溶解度模型（如亨利定律）计算。对于水–气–盐三元系，γ_w 不等于 1，一般采用 Pitzer 模型计算 γ_w。Nasrifar（1998）用以下公式计算含盐体系水的活度：

$$\ln a_w = -\frac{\Delta H}{nR}(\frac{1}{T} - \frac{1}{T_w}) \tag{9-21}$$

$$\frac{\Delta H}{nR} = \frac{c_0 I^{c_1}}{1 + d_0 P + d_1 \ln P} \tag{9-22}$$

$$I = \frac{1}{2}\sum_i M_i z_i \tag{9-23}$$

式（9-21）中 T_w 为纯水–水合物–气体体系中的平衡温度；I 为溶液的离子强度。常数 $c_0=1000.0$，$c_1=0.01237$，$d_0=-1.205 \times 10^{-2}$，$d_1=4.073 \times 10^{-2}$。

9.4.4　模型求解的数值方法

上述模型可以用梯度搜索法求解。例如，给定任意温度 T，要求水合物形成所需的压力，则可以先假定一个对应的 P，通过计算、比较水合物相中水的自由能与液相中水的自由能并反复迭代（图 9-6），求得相应的 P。对于给定压力下求水合物形成所需的温度，算法类似。

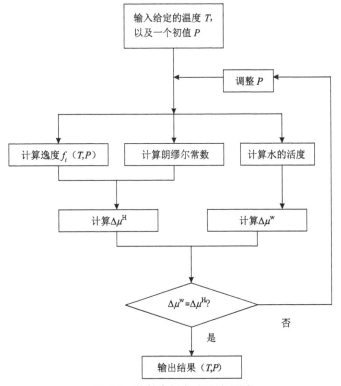

图 9-6　软件求解方法及流程图

9.4.5 程序设计的验证

基于上述模型，笔者根据 C++语言编写了混合体系水合物形成温度压力条件的计算机程序。利用该程序，分别计算了纯水中甲烷水合物（表9-7）、乙烷水合物（表9-8）、10.74%N_2+89.26%CH_4 混合气体水合物（表 9-9）、5%CO_2+0.03%N_2+94.97%CH_4 混合气体水合物（表9-10）生成条件，与实验相比，误差通常小于5%，说明程序的可靠性。

表 9-7 纯水中甲烷水合物的生成条件模型与实验值对比

T/K	P_{exp}/MPa	P_{mod}/MPa	Err/%	T/K	P_{exp}/MPa	P_{mod}/MPa	Err/%
273.49	2.72	2.76	1.63	284.17	7.97	8.06	1.17
274.36	2.96	2.99	1.01	284.18	7.97	8.07	1.30
275.11	3.18	3.21	0.89	285.08	8.93	8.92	−0.07
276.29	3.56	3.59	0.72	285.99	9.87	9.89	0.14
277.46	4.00	4.02	0.59	286.95	10.92	11.04	1.11
278.00	4.24	4.24	−0.07	287.85	12.31	12.27	−0.34
278.25	4.35	4.35	−0.01	288.62	13.48	13.45	−0.18
279.10	4.73	4.73	0.00	289.44	15.00	14.85	−0.99
280.16	5.30	5.27	−0.63	290.84	17.86	17.63	−1.27
281.12	5.82	5.82	−0.03	291.57	19.17	19.30	0.72
281.38	6.00	5.98	−0.33	291.60	19.20	19.37	0.93
282.07	6.43	6.43	0.04	292.25	21.18	21.00	−0.84
283.04	7.14	7.13	−0.10	293.04	23.52	23.16	−1.52
283.39	7.43	7.41	−0.31	293.07	23.60	23.25	−1.49
284.01	7.93	7.92	−0.01	293.57	24.96	24.72	−0.95

表 9-8 纯水中乙烷水合物的生成条件

$T/℃$	P_{exp}/MPa	P_{mod}/MPa	Err/%
0.53	0.50	0.52	3.73
1.55	0.57	0.58	3.27
2.49	0.64	0.65	2.79
3.47	0.72	0.74	2.80
4.46	0.81	0.83	2.25
5.51	0.93	0.95	2.24
6.50	1.05	1.07	2.27
7.52	1.19	1.23	2.90
8.48	1.35	1.39	2.98
9.51	1.55	1.60	3.44
10.34	1.73	1.79	3.47

续表

$T/℃$	P_{exp}/MPa	P_{mod}/MPa	Err/%
11.48	2.03	2.11	3.97
12.33	2.30	2.40	4.47
13.35	2.70	2.82	4.61
14.46	3.24	3.44	6.14

表 9-9　10.74%N_2+89.26%CH_4 混合气体水合物生成条件实验与计算对比

$T/℃$	实验值 P/MPa （Nixdorf and Oellrich，1997）	（Sloan，1990）计算值		本书计算值	
		P/MPa	Err/%	P/MPa	Err/%
5.55	4.94	3.53	5.53	4.98	0.78
8.88	6.94	4.79	−1.65	7.03	1.20
12.49	10.40	6.87	−2.32	10.46	0.63
15.53	14.98	10.53	−3.69	14.95	−0.15
17.82	20.02	15.64	−7.07	19.76	−1.29
19.29	24.43	21.73	−9.39	23.66	−3.13

表 9-10　5%CO_2+0.03%N_2+94.97%CH_4 混合气体水合物生成条件实验与计算对比

$T/℃$	实验值 P/MPa （Nixdorf and Oellrich，1997）	（Sloan，1990）计算值		本书计算值	
		P/MPa	Err/%	P/MPa	Err/%
3.7	3.35	3.64	8.85	3.54	5.92
6.8	4.87	5.08	4.38	4.84	−0.55
10.34	7.04	7.34	4.33	7.06	0.42
14.26	10.94	11.56	5.68	11.10	1.48
17.61	16.83	17.59	4.54	16.84	0.08
20.26	23.98	24.83	3.56	23.67	−1.30

9.5　海底混合体系水合物稳定域

前已述及，天然气水合物的形成必须具备三个基本条件：①充足的甲烷等烃类气体和水的供应；②特定的温压条件；③足够的生长空间。在上述条件下，天然气水合物得以生成并稳定存在的温度、压力深度范围，即为水合物的稳定域（稳定带），在海底沉积层中表现为一定的层位区间。因此，天然气水合物稳定域的影响因素有：①温度和压力；②地温梯度；③气体成分；④同生水的盐度。

9.5.1 天然气水合物的稳定域计算模型

天然气水合物的稳定域底界的深度受海底温度、压力（水体静压力和沉积物静压力）、沉积物中气体成分和流体盐度的影响，主要取决于该深度下天然气水合物相态转换的临界温度和压力。对海底天然气水合物矿层底界深度的推算，通常采用深度（压力）温度图解（图 9-7），由于水合物相平衡的理论温度上界是海水温度梯度线与海水甲烷水合物平衡曲线的交点，因而水合物稳定带的顶界通常为海底，顶界深度等于海水水深，水合物基底深度则可在地温梯度与海水甲烷水合物平衡曲线的交点上确定。

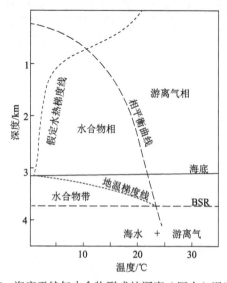

图 9-7　海底天然气水合物形成的深度（压力）温度图解

1）状态方程

天然气水合物处于稳定态（平衡态）时，气-盐-水-水合物的组分、相态与温压条件满足一定的热力学规律。"气-盐-水-水合物体系"稳定曲线，可以抽象地表示为温度 T、气体组成 x_{Gi}、海水盐类组成 x_{Sk} 的函数：

$$P=\Psi\left(T,\ x_{Gi},\ x_{Sk}\right) \tag{9-24}$$

实际计算时用梯度搜索法求解混合体系水合物形成的温压模型。

2）地温梯度公式

稳定域底界的温度表示如下：

$$T=T_0+\left(\Delta T/\Delta Z\right)Z \tag{9-25}$$

但实际情况中温度随深度的变化不总是线性关系，因而通常由热流方程求温度在时空域的变化。

3）厚度-深度关系式

厚度-深度关系式表示如下：

$$Z=D-Z_0 \tag{9-26}$$

4）压力-深度关系式

通常假设孔隙流体的压力等于静水压力或静岩压力（承压水），但是由于构造运动，以及烃类排水作用有时也可能出现异常高压或异常低压，一般意义上孔隙流体的压力可以表示为深度的函数：

$$P=a_0+a_1 D+a_2 D^2 \qquad (9-27)$$

式（9-24）～式（9-27）中，P、T、D、Z 4 个未知变量分别为待求的稳定域底界压力、温度、深度及稳定域厚度，即气-水-水合物平衡压力、温度、深度；Z_0、T_0 为实测的海水深度及海底温度，$\Delta T/\Delta Z$ 为实测的地温梯度。联立并求解上述方程，求得孔隙流体的压力等于水合物三相平衡的压力时对应的深度，就是稳定域底界。

9.5.2　东海天然气水合物稳定带厚度预测

1. 计算参数的获取

天然气水合物稳定带厚度计算的参数主要包括以下几个方面：海水深度、海底温度、地温梯度、沉积物中孔隙流体的盐度和天然气组成。

1）海水深度

海水深度是决定水合物稳定带厚度的压力参数。本书水合物稳定带厚度计算点所使用的海水深度由实测资料插值获得。

2）海底温度

海底温度是决定海底能否出现水合物的一个重要参数。海底温度可通过仪器在海底直接进行测量。海底温度不仅在不同纬度区具有较大变化，特别在浅海区，而且也随海水深度而变化。在低纬度区，由于受大气温度的影响，浅海区海水水温较高，并具有较高的温度梯度；而在中纬度区，浅海区海水温度明显低于低纬度区，温度梯度也低于低纬度区，大约在 1000m 以下，海水温度和温度梯度均趋于一致。另外，海底温度也受海底热流的影响，在高热流区海底火山和热水喷出的部位，海底温度较高。

本书中海底温度参数除部分参考实测资料外，主要根据研究区的海水温度-深度剖面近似计算（图 9-8），拟合得到的经验公式为

$$t= 573.828\, h^{-0.719588} \qquad (9-28)$$

式中，t 为水温；h 为水深。根据这一经验公式计算求得研究区不同深度海底温度。

3）地温梯度

模拟计算中地温梯度主要从收集到的地温梯度资料获得，没有地温梯度资料分布的区域则通过热流近似计算获得，因为沉积地层中的地温梯度是地壳内部热流和岩石

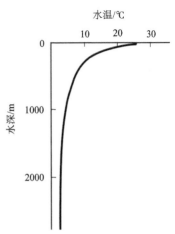

图 9-8　东海海水深度-温度剖面（唐建人等，1996）

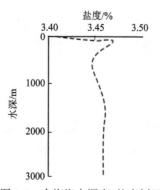

图 9-9　东海海水深度-盐度剖面

热导率的函数，与热流成正比，而与沉积物的热导率成反比。

一般来说，沉积层热导率变化比较大，在不同的沉积盆地，甚至一个盆地的构造单元中，其热导率在横向和垂向变化也是很大的，这主要取决于沉积层的岩石成分、密度、孔隙度、含水量等因素。不同的岩性具有不同的热传导率，因而具有不同的地温梯度，如在盐丘中，由于盐的热传导率相对较高，地温梯度相对较低，从而导致其上的等温线较密集，因此，盐丘之上的气体水合物带比周围要薄；由于页岩通常比周围沉积物的热传导性差，从而导致页岩底辟内的地温梯度较高，底辟之上的地温梯度较低，因此，页岩底辟之上的气体水合物带会变厚，有热流活动的深断层和现代火山活动均能导致地温梯度的局部升高，从而使水合物基底的深度减小。特罗丘克 1980 年总结新生代稳定沉陷和沉积物堆积区资料发现，热导率值随沉积深度增加而增加，随沉积物的密度增加而增加。通常埋深在 0～1km 范围内陆缘各种沉积岩的热导率值变化在 0.7～1.4W/（m·K）。我国东海莺歌海-琼东南盆地，4000m 以上岩层的平均热导率为 1.3～1.7W/(m·K)，浅层(0～1000m)岩层热导率则有所降低，变化在 0.8～1.36W/（m·K）（单家增等，1995）。纯甲烷水合物的热导率约为 0.5W/（m·K），丙烷水合物的热导率更低，约为 0.4W/（m·K），远小于沉积物和孔隙流体的热导率，因而沉积物中的水合物使得其热导率下降。本书模拟计算中，热导率取平均值为 1.1W/（m·K）。根据前人对热流研究成果，本书采用线性插值方法获得各点的热流值，即地温梯度=热流/热传导率，进而求相应的地温梯度。

4）盐度

盐度参数对水合物的相平衡有着重要的影响，东海海水盐度范围在 3.44%～3.5%，海水盐度随水深变化而变化（图 9-9），在 150～500m 的水层，含盐度较低，略低于 3.45%，在 500～1000m 水深的水层，盐度随着水深增加而增加，在 1000m 以上的水体中，其盐度稳定在 3.45%左右，变化很小，因此模拟计算时盐度取 3.45%。

5）天然气组成

天然气组成指天然气中不同气体成分（甲烷、乙烷等）所占的比例。水合物中天然气的来源主要有两个方面，即生物降解气和热解气。生物降解气的成分主要为甲烷，而热解气的成分常常变化较大。目前，已发现水合物的地区，其天然气多数来源于生物气，因此，可根据实际气体组成应用混合体系稳定域计算模型，缺少实际资料时可用纯甲烷体系相平衡模型进行保守估计。

2. 东海水合物稳定域厚度分布

利用混合体系水合物稳定域预测模型，将获取的海底温度、地温梯度、海水深度和盐度参数，应用编制的水合物稳定带厚度计算软件 Hydrate Modeling 分别计算水合物稳定带厚度，得到东海深水区不同部位水合物稳定带厚度和稳定带底界深度。为确定东海海域天然气水合物稳定域的分布，本书将整个东海海域按经纬度 15′×15′精细网格化（重点区域在计算时适当加密，总共近 3000 个计算点位），依据实际资料在各网格节点上分别插值确定水深、海底温度、地温梯度等参数，再计算各点稳定域及底界深度与厚度。同时利用实测水深、地温梯度等资料对 A（25 个点位）、B（90 个点位）两个区域的稳定带潜在厚度进行计算，应用这些结果绘制东海海域重点海区天然气水合物稳定域厚度图。受地温梯度和水深等主要因素的制约，东海海域天然气水合物出现所需的水深一般大于 400m。天然气水合物稳定带厚度一般在 50~200m，只有少数区域水合物稳定带潜在厚度达到 300m 以上，其余地段天然气水合物稳定带厚度均在 250m 以下。天然气水合物稳定带厚度大于 250m 的区域主要包括冲绳海槽盆地、钓鱼岛附近海域等。

1）稳定带潜在厚度预测

考虑到研究区天然气水合物中的甲烷可能主要来自生物降解气（即生物气，99%）和热解气（1%），因此，本书分别建立了纯甲烷体系和 91.7%甲烷体系的相平衡模型。

2）研究区天然气水合物稳定带的潜在厚度

将以上所获得的海底温度、地温梯度、海水深度和盐度参数应用于笔者编制的水合物稳定带厚度计算软件，分别计算了纯甲烷体系和 91.7%甲烷体系中水合物稳定带的厚度，得到了研究区不同位置天然气水合物稳定带的厚度和深度等模拟结果，编制研究区天然气水合物稳定带潜在厚度分布和深度图。由基础数据可知，除两个点由于地温梯度低、水合物稳定带厚度达到 900m 以上之外，其余测算点天然气水合物稳定带厚度均在 500m 以下。天然气水合物稳定带厚度大于 100m 的区域主要分布于研究区的西南部。东北部也有一定面积的分布。本书选择资料点比较密集的两个地区进行大比例尺成图，获得 A 区两个大于 300m 厚的天然气水合物稳定带；B 区一个大于 300m 厚的天然气水合物稳定带，其在高热流区附近。将纯甲烷体系和 91.7%甲烷体系计算的结果进行对比可以看出，91.7%的甲烷体系形成的天然气水合物稳定带厚度要大于纯甲烷体系形成的厚度。研究区内若以东海陆架平均地温梯度 3.4℃/100m 和海底温度 9.4℃计算，在纯甲烷体系中天然气水合物出现的最小海水深度在 550m 左右；而在 91.7%甲烷体系中天然气水合物出现的最小海水深度在 350m 左右。关于天然气水合物稳定带底界的深度，模拟结果在研究区西南部较深，向东北部逐渐降低，西南部海区天然气水合物稳定带最大深度接近 2500m，但实际深度可能要小得多。

9.6　冲绳海槽 BSR 地震反射和成藏类型特征

地震 BSR 反射是天然气水合物赋存分布的最重要依据，本书在前人研究成果分析基础上，对研究区常规二维地震和高分辨率二维地震资料的 BSR 反射特征进行分析，划分为不同类型，提供了信号增强、速度精细处理等成果。

前人针对东海陆坡天然气水合物地震资料解释，报道了多种 BSR 反射特征的剖面，如龚建明等（2001）解释的 BSR 反射都位于大陆斜坡区。栾锡武等（2006b）、徐宁等（2006）、赵汗青等（2006）有关海底冷泉和 BSR 的发现与研究，基于中国科学院海洋研究所"科学一号""奋斗七号"科学调查船调查的成果，发现 BSR 反射位于东海陆坡及邻近槽底。栾锡武等解释了 BSR 的泥火山、泥底辟成因及形成海底冷泉的现象。上述研究还针对泥底辟、泥火山构造形成 BSR 或特定地震剖面的高分辨率资料处理。该不同类型 BSR 反射特征及其解释为冲绳海槽天然气水合物的赋存分布提供了证据。

本书依据的地震剖面资料包括常规和高分辨率二维地震资料，解释发现分类为 BSR、似 BSR 及双 BSR。剖面分布位置涵盖冲绳海槽北部、中部和南部地区，主要对位于不同位置、最具代表意义的 BSR 反射特征进行分析。

由图 9-10 可知，原始资料频谱分析前，主频为 30Hz；经信号增强处理，频谱主频提高到了 50Hz 左右，频宽由原来 5～45Hz 拓宽到 5～60Hz，分辨率得以提高。

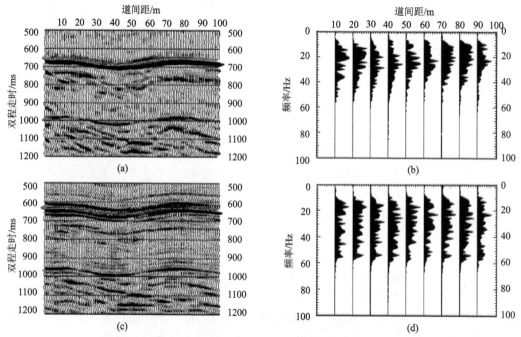

图 9-10　原始资料频谱分析图以及信号增强处理后的频谱分析图

（a）、（b）为原始资料频谱分析图；（c）、（d）为经信号增强处理后的频谱分析图

高保真度处理着重对资料进行叠前振幅补偿和剩余振幅补偿；尤其开展了 BSR 精细速度分析与高精度动校正，保证速度选取精确性，尽可能减少动校误差；在多条剖面中获得了 BSR 反射层上下速度反转的典型数据组。由图 9-11 可知，东海陆坡精细速度数据组围绕 BSR 反射面呈倒转特征，其中，上覆沉积层速度高，为 1951～2261m/s，下伏沉积层速度低，为 1715～2053m/s；解释上覆高速层位置即天然气水合物矿层。

总结归纳研究区常规二维与高精度二维地震剖面 BSR 反射基本特征如下。

①BSR 一般与海底平行，少数与下伏沉积反射斜交[图 9-12（a）]；②BSR 相对于海底反射振幅更强且极性反转；③烃类检测结果显示，BSR 呈条带状"亮点"反射；④处理多条地震剖面，由于强反射界面影响，其上部沉积反射空白区存在[图 9-12（b）]，并证实存在层速度-振幅异常构造；⑤BSR 表现出强烈非均质性；⑥BSR 大多分布于海底斜坡（图 9-13）、地形高地（海中隆、海台、海脊、增生棱柱体），或出现于断层发育

的陆坡和深海底平原；⑦由于成藏地质条件差异的存在，BSR 反射一般表现为短连续状，少数长连续状（图 9-14）、分段状和断续状，取决于 BSR 分布位置和类型。当位于陆坡区时仅有几千米，呈短连续状、断续性或分段连续状；当位于海中隆或者海台时也取决于地质体发育的状况；在深海底平原区，一般水深超过 1500m 时，可以延伸数百千米，为长连续状。

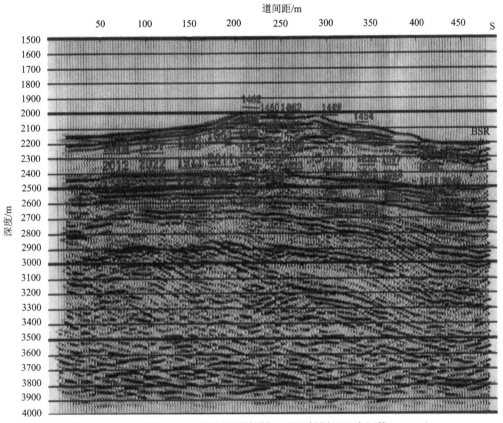

图 9-11　东海陆坡 BSR 上覆层速度倒转地震反射剖面（许红等，2013）
本图位置见图 9-2④号线

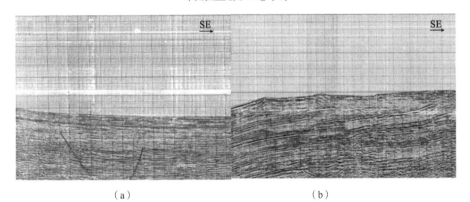

（a）　　　　　　　　　　　　（b）

图 9-12　BSR 与下伏沉积层系斜交和上覆沉积层空白反射（许红等，2013）
图（a）位置见于图 9-2⑤号线；图（b）位置见于图 9-2③号线

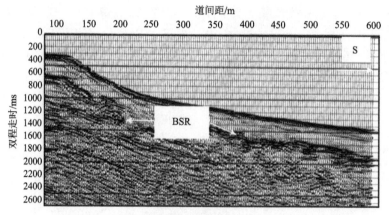

图 9-13　东海大陆斜坡 BSR 地震反射（许红等，2013）

本图位置见图 9-2②号线

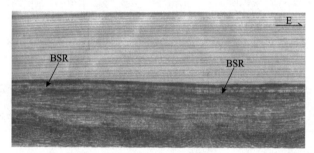

图 9-14　东海陆坡海底长连续状 BSR 地震反射（许红等，2013）

本图位置见图 9-2①号线

9.7　冲绳海槽天然气水合物成藏类型

不难发现，冲绳海槽天然气水合物 BSR 的 5 种地震反射类型主要赋存于海中低隆区（图 9-11）、深海平原区（图 9-12）和大陆斜坡区（图 9-13），表明这些海域具有形成天然气水合物的有利成藏地质条件，分别属于不同的天然气水合物成藏类型，进一步构成天然气水合物成因-成藏模式，将是下一步深入工作研究的重要课题。

9.7.1　地震常规处理剖面与 BSR 解释反射类型

目前，在东海陆坡完成的常规二维地震处理剖面约 5000 km，包括高分辨率地震剖面近 1000 km。通过解释这些剖面，在陆坡的中北部、中部尤其南部地区发现了 BSR。BSR 和双重 BSR 反射异常，杨文达和陆文才（1999）曾经发表过相关成果，同时也发现了较多其他与天然气水合物赋存有关的地球物理反射异常，包括 BSR 界面附近速度-振幅异常、BSR 之上振幅空白带现象、极性反转现象和速度异常等。

9.7.2 地震特殊处理剖面与天然气水合物解释异常

2000 年，中国地质大调查项目完成了冲绳海槽系列地震资料非常规处理与特殊处理，涉及的方法包括高精度速度分析、AVO 技术系列、烃类检测、Seislog、Absorb、CNN 技术等，对处理获得的全部剖面进行了精细解释，先后获得了剖面速度倒转异常、地震振幅极性反转异常、BSR 之下 AVO 正异常、Seislog 剖面高速异常、Absorb 剖面低吸收系数和烃类检测亮点异常等成果。

9.7.3 资源定量评估方法及参数选择与成果

迄今，笔者利用"容积法"等天然气水合物含甲烷资源的定量评估方法对研究区进行了多轮资源计算，获得了不同的东海陆坡天然气水合物含甲烷资源量，其中，各种参数的取值分别参考了 KS-1 井 1202 站位的钻探数据，稳定带数据来自物理化学数值模拟成果，有机烃类数据来源于上述测试成果等途径。

9.8　天然气水合物有利区带评价

天然气水合物有利区带评价是一项非常复杂的综合性系统评价工作，在研究区油气资源评价中尚属首次。

根据国外对已发现天然气水合物地区的系统研究成果，可以归纳控制天然气水合物聚集的地质因素为以下五方面。

（1）自然界中天然气水合物的形成受温压条件的控制，在高纬度区，由于寒冷的温度和永冻层的存在，大量的天然气水合物出现；天然气水合物在永冻区之下的埋深为 130～2000m；在中纬度和低纬度区，天然气水合物在海水深度超过 300～500m 的海底附近的温压条件下几乎都是稳定的。在海底具有低的热流和地温梯度沉积物中，水合物稳定带厚度可达数百米以上。例如，美国大西洋陆棚边缘沉积物中的水合物稳定带厚度大都在 500～750m。

（2）水合物聚集区需要有充足的天然气源区的供给，因此，在水合物聚集区沉积物中应有大量有机质存在，或有深部热解气的供给。

（3）水合物一般在海岭区和底辟区附近出现，以及在断裂较为发育的地区富集，因为这些地区有利于天然气水合物的富集和天然气向该富集区的运移。

（4）快速的沉积速率是控制水合物聚集的一个重要因素。一方面，浅层形成的水合物随埋深不断加大，在沉积物中堆积的有机质碎屑物由于迅速埋藏在海底未遭受氧化作用而保存下来，并在沉积物中经细菌作用转变成甲烷。另一方面，在浅层形成的水合物由于上覆沉积物快速堆积，而深部沉积物则逐渐变暖，这种变暖现象使深部沉积物中的水合物发生分解，析出的天然气通过沉积物向上运移并富集在相对不渗透的水合物胶结沉积物底部。这种水合物胶结沉积物按照它们的形态可以起到圈闭的作用。被圈闭在水合物胶结沉积物之下的游离气由于扩散作用沿小型同沉积断层提供的通道穿过水合物胶结带,进入水合物稳定带,并立刻转化为水合物。这样水合物将在水合物稳定带的下部最为富集。

（5）沉积物的孔渗性和含水性在水合物的聚集过程中也起着重要的作用。一方面它们控制游离气的运移和聚集,另一方面控制水合物形成的孔隙空间和甲烷气的溶解量。

9.9　研究区天然气水合物聚集的地质条件评估

从研究区的温压条件看,该区海底总体具有较高的热流场和地温梯度,并且由西南向东北呈增高趋势,在东北部出现局部极高的热点区。海水深度也由西南向东北方向逐渐变浅。因此,研究区内水合物稳定带潜在厚度总体不是太厚,较厚的水合物稳定带主要分布在研究区的西南部。

从对 D-1、D-2、D-3 等地震剖面的解释和沉积地层的分析来看,冲绳海槽盆地以海槽拗陷为代表堆积着较厚的第四系和上新统沉积层。其中,上新统在海槽内为局部充填状沉积,厚度不稳定,总体上,北部比南部厚,北部大于 2000m,南部厚度在 1400m 以内,局部地区仅有 500m。海槽中普遍覆盖有更新统与全新统,其厚度变化趋势正好与上新统相反,北薄南厚。海槽北部沉积厚度为 500~350m,南部为 1700m 左右,最大厚度出现在宫古岛构造附近。更新统—全新统中具有多个上超结构,有的地方还出现前积结构,反映更新世以来出现过多次海平面变化。根据更新统与全新统的地层厚度分布特征,可见水合物稳定带主要分布于更新统—全新统沉积物中。

金翔龙（1992）认为,东海陆架边缘区域性构造运动可以划分为两幕,中新世末至上新世初的构造运动称为海槽构造 I 幕,是冲绳海槽奠基性构造幕,此时海槽区开始出现断陷,形成一系列断陷盆地。上新世末至更新世初的构造运动为海槽运动 II 幕,它们以海槽拗陷的火山-岩浆活动为主要标志,使上新统地层轻微褶皱,形成统一的槽型盆地,沉降中心由盆地北部转至南部。由于盆地基底的沉降速率大于沉积物的补给速率,海槽拗陷水深不断增大。很明显,海槽拗陷沉积物的堆积速率也大于陆架前缘拗陷。另外,海槽拗陷西斜坡小海岭、小断陷发育,具备水合物聚集的构造条件。

秦蕴珊等（1987b）认为,东海陆架盆地与冲绳海槽盆地第四系主要为黏土、粉砂、砂质黏土等夹生物贝壳层的海相沉积;上新统为一套成岩性差的粉砂岩、泥岩,底部夹少量劣质煤层的河流沼泽相与海陆交互相沉积。渐新统—中新统为一套河流相与湖泊沼泽相沉积,其岩性组成自下而上可分为 3 段:①砂岩与泥岩互层夹煤层;②沥青质页岩夹煤层;③薄层砂岩、砂砾岩夹泥岩和煤层,以及碳酸盐岩。

上述地层已为陆架盆地区的钻井所证实。

9.10　几点结论

（1）研究区的气源岩是丰富的,而且在高的地热场作用下,由有机质裂解产生的裂解气也应该是丰富的。对陆架盆地和海槽盆地区生物气的计算结果则强有力地证实了研究区具有的丰富生物气资源量。

（2）研究区天然气水合物的有利聚集区带主要分布于冲绳海槽西南部，即海槽拗陷地区。

（3）利用所收集的水深、海底温度、地温梯度和盐度资料计算了研究区天然气水合物稳定带的潜在厚度，发现海槽拗陷地区（24°30′～26°30′N，122°20′～125°30′E）具有相对较厚的天然气水合物稳定带潜在厚度。

（4）深海底部是否具有或具有较好的天然气水合物聚集条件，还要取决于综合的地质控制因素，同时也要通过地震剖面的分析及相应精细-特殊处理的结果来确定是否有与水合物相关的系列异常信息的存在。

9.11　东海天然气水合物地球物理解释剖面

在对各剖面进行解释的基础上，确定了天然气水合物的地球物理反射标志，即似"BSR"的位置，如图 9-15 和图 9-16 所示。

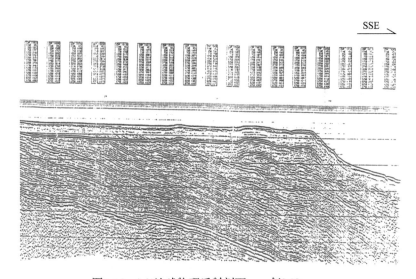

图9-15　DX地球物理反射剖面——似BSR

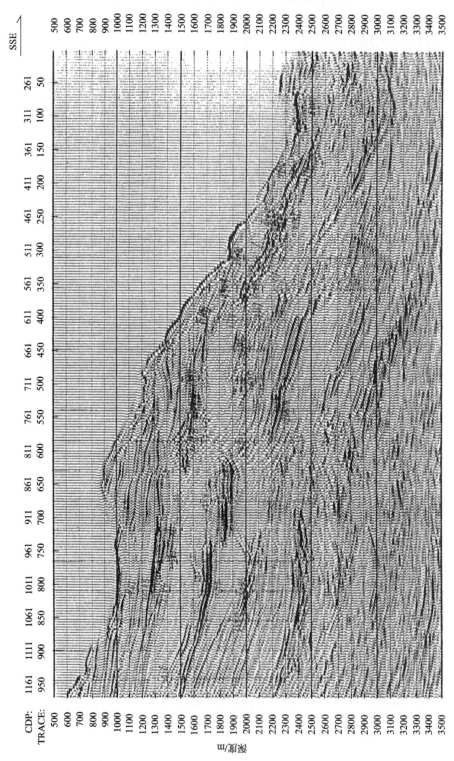

图9-16　DXX地球物理反射剖面——似BSR

参 考 文 献

白洁, 胡佳庆, 王建红. 2002. 东海西湖凹陷春晓构造各井区含油气性特征. 上海地质, 83(3): 27-31.

蔡乾忠. 1996. 近十年来我国海域及邻区油气勘探形势. 海洋地质动态, (9): 1-4.

蔡学林, 曹家敏, 刘援朝. 1999. 青藏高原多向碰撞-楔入隆升地球动力学模式. 地学前缘, 6(3): 181-189.

蔡学林, 朱介寿, 曹家敏, 等. 2006. 中国及邻近陆海地区软流圈三维结构及其与岩石圈的相互作用. 中国地质, 33(4): 804-815.

仓本真一, 沈耀龙. 1990. 重新探讨日本海扩张的年代及模式. 海洋石油, (3): 33-39.

陈琳琳. 1998. 东海西湖凹陷苏堤区带平湖组沉积环境. 海洋石油, 18(3): 19-26.

陈琳琳. 1999. 东海陆架早第三纪裂合盆地地层成因浅析. 中国海上油气, 13(2): 79-85.

陈琳琳, 王文强. 1999. 东海陆架西湖凹陷深层烃源岩探讨. 海洋石油, (2): 1-8.

陈斯忠. 2003. 东海盆地主要地质特点及找气方向. 中国海上油气, 17(1): 6-13.

陈忠, 杨华平, 黄奇瑜, 等. 2007. 海底甲烷冷泉特征与冷泉生态系统的群落结构. 热带海洋学报, 26(6): 73-82.

池际尚. 1988. 中国东部新生代玄武岩及上地幔研究. 武汉: 中国地质大学出版社.

邓晋福. 1994. 中国东部新生代玄武岩及上地幔研究. 地学前缘, (Z1): 194.

邓晋福, 鄂莫岚, 路凤香. 1988. 汉诺坝玄武岩化学及其演化趋势. 岩石学报, 4(1): 1510-1515.

杜旭东, 朱建伟. 1994. 沉降曲线原理及应用. 世界地质, 13(3): 104-113.

杜旭东, 漆家福, 陆春生. 1997. 沉降史反演的现状与应用. 世界地质, 16(2): 23-27.

方银霞, 黎明碧, 金翔龙. 2001. 东海冲绳海槽天然气水合物的资源前景. 天然气地球科学, 12(6): 32-37.

方银霞, 高金耀, 黎明碧, 等. 2005. 冲绳海槽天然气水合物与地质构造的关系. 海洋地质与第四纪地质, 25(1): 85-91.

冯志强. 1996. 南海北部地质灾害及海底工程地质条件评价. 南京: 河海大学出版社.

高德章, 赵金海, 薄玉玲, 等. 2004. 东海重磁地震综合剖面研究. 地球物理学报, 47(5): 853-861.

高德章, 赵金海, 薄玉玲. 2006. 东海及邻近地区岩石圈三维结构研究. 地质科学, 41(1): 10-26.

高永军, 穆治国, 吴世迎. 2000. 马里亚纳海槽玄武岩 K-Ar 地质年代学和地球化学研究. 海洋地质与第四纪地质, 20(3): 53-59.

葛和平, 陈建平, 陈晓东, 等. 2007. 东海盆地丽水凹陷天然气类型及其成因探讨. 中国科学(D辑), 37(增刊): 104-110.

龚建明, 陈国威. 1997. 西湖凹陷东部断阶带的地质结构与演化. 海洋地质与第四纪地质, 17(1): 33-38.

龚建明, 杨文达, 卢振权, 等. 2001. 东海天然气水合物的区域地质特征及可能的远景区. 海洋地质前沿, 17(7): 20-23.

龚再升, 杨甲明. 1999. 油气成藏动力学及油气运移模型. 中国海上油气, 13(4): 235-239.

顾惠荣, 贾健谊, 叶加仁. 2002. 东海西湖凹陷含油气系统特征. 石油与天然气地质, 23(3): 295-298.

顾宗平. 1990. 勘探三号钻井平台东海作业五年回顾. 中国海洋平台, (1): 4-8.

郭令智, 马瑞士. 1998. 论西太平洋活动大陆边缘中-新生代弧后盆地的分类和演化. 成都理工学院学报, 25(2): 134-144.

海洋地质与第四纪地质编辑部. 1990. 1989年我国海洋地质调查研究重大事件及成果. 海洋地质与第四纪地质, 10(1): 46-60.

韩乃仁. 1995. 地矿部上海海洋地质调查局东海油气勘查又获战略性的重大突破"春晓一井". 海洋地质信息通报, (8): 1-2.

郝芳, 邹华耀. 2000. 油气成藏动力学及其研究进展. 地学前缘, 17(3): 11-22.

郝天珧, 刘建华, 郭峰, 等. 2004. 冲绳海槽地区地壳结构与岩石层性质研究. 地球物理学报, 47(3): 462-468.

何将启, 杨凤丽. 2003. 东海西湖凹陷新生代盆地原型分析. 海洋石油, 23(增刊): 13-20.

何丽娟, 汪集旸. 2007. 沉积盆地构造热演化研究进展: 回顾与展望. 地球物理学进展, 22(4): 1215-1219.

胡明毅, 柯岭, 梁建设. 2010. 西湖凹陷花港沉积相特征与相模式. 石油天然气学报, 32(5): 1-5+399.

胡圣标, 汪集毓, 张容燕. 1999. 利用镜质体反射率数据估算地层剥蚀厚度. 石油勘探与开发, 26(4): 42-45.

姜亮, 李保华, 钟石兰, 等. 2004. 东海陆架盆地台北坳陷月桂峰组生物地层及古环境. 海洋地质与第四纪地质, 24(1): 37-42.

蒋海军, 胡明毅, 胡忠贵, 等. 2011. 西湖凹陷古近系沉积环境分析——以微体古生物化石为主要依据. 岩性油气藏, 23(1): 74-78.

蒋玉波. 2013. 东海陆架盆地南部中生代地层展布及油气远景探讨. 青岛: 中国海洋大学.

解习农, 任建业. 2013. 沉积盆地分析基础. 武汉: 中国地质大学出版社.

金庆焕. 2001. 天然气水合物几个值得考虑的问题. 海洋地质动态, 17(7): 1-2.

金庆焕, 周才凡. 2003. 我国近海油气资源基本情况及勘探方向//海洋地质环境与资源学术研讨会论文摘要汇编.

金翔龙. 1992. 东海海洋地质. 北京: 海洋出版社.

金翔龙, 喻普之, 林美华, 等. 1983. 冲绳海槽地壳结构性质的初步探讨. 海洋与湖沼, 14(2): 105-116.

赖斯, 翟光明. 1992. 油气评价方法与应用. 北京: 石油工业出版社.

赖万忠. 1997. 东海盆地合作探井落空的启示. 海洋地质动态, (7): 5-7.

李纯洁, 李上卿, 许红. 2004. 西湖凹陷中-下始新统宝石组油气地质与勘探潜力. 海洋地质与第四纪地质, 24(4): 81-87.

李兼海, 王国平, 郑铁藩, 等. 1997. 福建省岩石地层. 武汉: 中国地质大学出版社.

李思田. 2000. 盆地动力学与能源资源——世纪之交的回顾与展望. 地学前缘, 7(3): 1-9.

李思田, 解习农, 王华, 等. 2004. 沉积盆地分析基础及应用(第一版). 北京: 高等教育出版社.

李伟. 1996. 恢复地层剥蚀厚度方法综述. 中国海上油气, 10(3): 167-171.

李伟, 吴智平, 周瑶琪. 2005. 济阳坳陷中生代地层剥蚀厚度、原始厚度恢复及原型盆地研究. 地质论评, 51(5): 507-516.

李晓兰. 2007. 东海陆架盆地西湖凹陷油气发现历程回顾. 海洋石油, 27(2): 14-18.

李运振, 邓运华, 徐强, 等. 2010. 中国近海新生代盆地沉积环境演变分析. 沉积学报, 28(6): 1066-1075.

刘丛强, 解广轰, 增田彰正. 1995a. 中国东部新生代玄武岩的地球化学(Ⅱ)Sr 、Nd、Ce 同位素组成. 地球化学, 24(3): 203-214.

刘丛强, 解广轰, 增田彰正. 1995b. 中国东部新生代玄武岩的地球化学——Ⅰ. 主量元素和微量元素组成. 地球化学, 24(1): 1-19.

刘恩涛, 岳云福, 黄传炎, 等. 2010. 歧口凹陷东营组沉降特征及其成因分析. 大地构造与成矿学, 34(4): 563-572.

刘光鼎, 王学言, 雷受旻. 1992. 中国海区及邻域地质地球物理场系列图. 北京: 科学出版社.

刘金水, 廖宗廷, 贾健谊, 等. 2003. 东海陆架盆地地质结构及构造演化. 上海地质, 87(3): 1-6.

刘景彦, 林畅松, 姜亮等. 2000. 东海西湖凹陷第三系反转构造及其对油气聚集的影响. 地球学报, 21(4): 350-355.

刘申叔. 1998. 中国石油天然气勘探开发现状及发展. 海洋石油, 18(3): 1-4.

刘振湖, 王英民, 邓安雄, 等. 2006. 台湾海峡盆地油气地质条件与含油气系统研究. 石油实验地质, (6): 523-528.

路凤香, 朱勤文. 李思田, 等. 1996. 岩浆岩——研究盆地深部过程的探针//李思田, 路凤香, 林畅松. 中国东部及邻区中、新生代盆地演化及动力学背景. 武汉: 中国地质大学出版社.

路凤香, 郑建平, 张瑞生, 等. 2005. 华北克拉通东部显生宙地幔演化. 地学前缘, 12(1): 61-67.

栾锡武, 秦蕴珊. 2003. 东海陆坡及相邻槽底天然气水合物的稳定域分析. 地球物理学报, 46(4): 467-475.

栾锡武, 秦蕴珊. 2005. 冲绳海槽宫古段西部槽底海底气泉的发现. 科学通报, 50(8): 802-810.

栾锡武, 高德章, 喻普之, 等. 2002. 我国东海陆架地区新生代地层的热导率. 海洋与湖沼, 33(2): 151-159.

栾锡武, 秦蕴珊, 张训华, 等. 2003. 东海陆坡及相邻槽底天然气水合物的稳定域分析. 地球物理学报, 46(4): 467-475.

栾锡武, 高金耀, 梁瑞才, 等. 2006a. 冲绳海槽宫古段中央地堑的形态与分布. 地质学报, 80(8): 1149-1155.

栾锡武, 岳保静, 鲁银涛. 2006b. 东海天然气水合物的地震特征. 海洋地质与第四纪地质, 26(5): 91-99.

栾锡武, 鲁银涛, 赵克斌, 等. 2008. 东海陆坡及邻近槽底天然气水合物成藏条件分析及前景. 现代地质, 22(3): 342-355.

梅东海, 郭天民, 廖健, 等. 1998a. 天然气水合物相平衡研究的进展. 天然气工业, (3): 75-82.

梅东海, 廖健, 杨继涛, 等. 1998b. 含盐和甲醇体系中气体水合物的相平衡研究 II. 理论模型预测. 石油学报(石油加工), (4): 66-70.

孟宪伟, 刘保华, 石学法, 等. 2000. 冲绳海槽中段西陆坡下缘天然气水合物存在的可能性分析. 沉积学报, 18(4): 629-633.

牟中海, 唐勇, 崔炳富, 等. 2002. 塔西南地区地层剥蚀厚度恢复研究. 石油学报, 23(1): 40-44.

彭伟欣. 2001. 东海油气勘探成果回顾及开发前景展望. 海洋石油, 109(1): 1-6.

彭伟欣. 2002. 中国东海西湖凹陷天然气资源及开发利用. 天然气工业, 22(3): 76-78.

秦蕴珊, 翟世奎, 毛雪瑛, 等. 1987a. 冲绳海槽浮岩微量元素的特征及其地质意义. 海洋与湖沼, 18(4): 313-319.

秦蕴珊, 赵一阳, 陈丽蓉, 等. 1987b. 东海地质. 北京: 科学出版社.

邱中建, 龚再升. 1999. 中国石油勘探. 北京: 石油工业出版社.

任建业, 李思田. 2000. 西太平洋边缘海盆地的扩张进程和动力学背景. 地学前缘, 7(3): 203-214.

石广仁. 2009. 盆地模拟技术 30 年回顾与展望. 石油工业计算机应用, 61(1): 3-7.

单家增, 张启明, 蔡世祥. 1995. 莺歌海盆地泥底辟构造成因机制的模拟实验(二). 中国海上油气, (1): 7-12.

宋海斌, 松林修. 2001. 日本南海海槽天然气水合物研究现状. 地球物理学进展, 16(2): 88-98.

孙思敏, 彭仕宓. 2006. 东海西湖凹陷平湖油气田花港组高分辨率层序地层特征. 石油天然气学报(汉江石油学院学报), 28(4): 184-187+448-449.

孙玉梅, 席小应. 2003. 东海盆地丽水凹陷油气源对比与成藏史. 石油勘探与开发, 30(6): 24-28.

唐建人, 冯志强, 丛培泓. 1996. 成熟探区三维地震勘探的必要性——徐家围子油田勘探实例. 大庆石油地质与开发, (1): 1-2.

汪蕴璞, 汪珊. 1997. 西湖凹陷油气运聚成藏的水文地质论证. 中国海上油气, (5): 305-312.

王国纯. 1992. 东海盆地构造区划及其特征. 台湾海峡, 11(3): 218-227.

王国纯. 1997. 台西盆地构造单元划分探讨. 中国海上油气 11(2): 80-86.

王国纯, 朱伟林. 1992. 东海盆地新生代沉积环境. 沉积学报, 10(2): 100-108.

王丽顺. 2000. 西湖凹陷苏堤构造带含油气条件分析. 中国海上油气, 14(6): 392-397.

王丽顺, 陈琳琳. 1994. 东海西湖凹陷下第三系层序地层学分析. 海洋地质与第四纪地质, 14(3): 33-42.

王丽顺, 王岚. 1998. 东海平北探区的石油地质条件. 海洋石油, 18(3): 27-31.

王谦身, 刘建华, 郝天珧, 等. 2003. 南黄海南部与东海北部之间的深部构造. 地球物理学进展, 18(2): 276-282.

翁荣南, 吴素慧. 1992. 台湾海域 K 地块油样品中类萜烷及类固烷之地化研究. 台湾石油地质, 27(12): 115-137.

武法东, 李培廉. 1998. 东海陆架盆地第三纪海平面变化. 地质科学, 33(2): 214-221.

武法东, 陆永潮, 李思田, 等. 1998. 东海陆架盆地第三系层序地层格架与海平面变化. 地球科学——中国地质大学学报, 23(1): 13-20.

武法东, 张燕梅, 周平, 等. 1999. 东海陆架盆地第三系沉积构造动力背景分析. 现代地质, 13(2): 157-161.

萧宝宗, 胡锦城, 林国安, 等. 1991. 澎湖盆地油气潜能评估. 台湾石油地质, 26: 215-229.

项圣根. 2001. 东海西湖凹陷春晓构造油气储层特征. 海洋石油, 21(1): 21-25.

胥颐, 刘福田, 刘建华, 等. 2006. 中国东部海域及邻区岩石层地幔的 P 波速度结构与构造分析. 地球物理学报, 49(4): 1053-1061.

徐发, 张建培, 张田, 等. 2012. 中国近海主要大中型含油气盆地形成条件类比研究. 海洋石油, 32(3): 1-8.

徐果明, 李光品, 王善恩, 等. 2000. 用瑞利面波资料反演中国大陆东部地壳上地幔横波速度的三维构造. 地球物理学报, 43(3): 366-375.

徐宁, 吴时国, 王秀娟, 等. 2006. 东海冲绳海槽陆坡天然气水合物的地震学研究. 地球物理学进展, 21(2): 564-571.

许红. 1992. 中国海域及邻区含油气盆地生物礁的对比研究. 海洋地质与第四纪地质, (4): 43-54.

许红, 吴进民, 蔡乾忠. 1998. 南海新生代沉积盆地地质与油气资源评价. 青岛: 海洋大学出版社.

许红, 刘守全, 王建桥, 等. 2001a. 国际天然气水合物重要研究进展简述. 地球科学, (10): 1-5.

许红, 刘守全, 王建桥, 等. 2001b. 天然气水合物理化学状态平衡及其在冲绳海槽的应用. 海洋地质动态, 17(7): 8-13.

许红, 刘守全, 王建桥, 等. 2001c. 国际天然气水合物调查研究现状及其主要技术构成. 中国地质, 28(3): 1-4.

许红, 马惠福, 蒲庆南, 等. 2001d. 油气资源评价基本概念与定量评价方法. 海洋地质动态, 17(10): 4-7.

许红, 蔡瑛, 孙和清, 等. 2013. 东海陆坡天然气水合物成藏地质条件和 BSR 反射及成藏类型特征. 热带海洋学报, 32(4): 22-29.

许红, 张威威, 李兆鹏, 等. 2019. 东海陆架盆地大春晓油气田成藏动力学特征及成藏模式. 石油与天然气地质, 40(1): 1-11.

许薇龄, 乐俊英. 1988. 东海的构造运动及演化. 海洋地质与第四纪地质, 8(1): 7-19.

许志琴, 杨经绥, 姜枚, 等. 1999. 大陆俯冲作用及青藏高原周缘造山带的崛起. 地学前缘, 6(3): 139-151.

许志琴, 杨经绥, 嵇少丞, 等. 2010. 中国大陆构造及动力学若干问题的认识. 地质学报, 84(1): 1-29.

许志琴, 杨经绥, 李海兵, 等. 2011. 印度-亚洲碰撞大地构造. 地质学报, 85(1): 1-33.

杨文达, 陆文才. 2000. 东海陆坡-冲绳海槽天然气水合物初探. 海洋石油, 20(4): 23-28.

杨文达, 曾久岭, 王振宇. 2004. 东海陆坡天然气水合物成矿远景. 海洋石油, 24(2): 1-8.

杨兆宇. 1992. 东海新生代沉积盆地的类型和成盆期. 海洋地质与第四纪地质, 12(2): 1-11.

叶加仁, 顾惠荣, 贾健谊. 2008. 东海西湖凹陷油气地质条件及其勘探潜力. 海洋地质与第四纪地质, 28(4): 111-116.

翟玉兰. 2009. 东海陆架盆地西湖凹陷古近系层序地层与沉积体系研究. 青岛: 中国海洋大学.

张国华, 张建培. 2015. 东海陆架盆地构造反转特征及成因机制探讨. 地学前缘, 22(1): 260-270.

张建培, 唐贤君, 张田, 等. 2012. 平衡剖面技术在东海西湖凹陷构造演化研究中的应用. 海洋地质前沿, 28(8): 31-37.

张敏强, 徐发, 张建培, 等. 2011. 西湖凹陷裂陷期构造样式及其对沉积充填的控制作用. 海洋地质与第四纪地质, 31(5): 67-72.

张明利, 王震. 2003. 东海西湖凹陷构造应力场与油气运聚探讨. 中国海上油气地质, 17(1): 51-56.

张琴华. 1994. 东海地区壳体构造演化及其盆地形成机制探讨. 大地构造与成矿学, 18(4): 311-320.

张升平, 吕宝凤, 夏斌, 等. 2007. 东海盆地丽水-椒江凹陷构造转换带及其对油气藏形成和分布的意义. 天然气地球科学, 18(5): 653-655.

张渝昌. 1997. 中国含油气盆地原型分析. 南京: 南京大学出版社.

张远兴, 叶加仁, 苏克露, 等. 2009. 东海西湖凹陷沉降史与构造演化. 大地构造与成矿学, 33(2): 215-223.

张忠民, 周瑾, 邬兴威. 2006. 东海盆地西湖凹陷中央背斜带油气运移期次及成藏. 石油实验地质, 28(1): 30-34.

赵炳超, 马沛生. 1997. 气体水合物的生成、测定和应用. 天然气化工(C1 化学与化工), (3): 45-49.

赵汗青, 吴时国, 徐宁, 等. 2006. 东海与泥底辟构造有关的天然气水合物初探. 现代地质, 20(1): 115-122.

赵会民, 吕炳全, 孙洪斌, 等. 2002. 西太平洋边缘海盆的形成与演化. 海洋地质与第四纪地质, 22(1): 57-62.

赵金海. 2001. 海洋地壳结构探测技术在东海的实验//中国地球物理学会年刊——中国地球物理学会年会.

赵金海. 2004a. 东海中、新生代盆地成因机制和演化(上). 海洋石油, 24(4): 6-14.

赵金海. 2004b. 东海中、新生代盆地成因机制和演化(下). 海洋石油, 25(1): 1-10.

赵金海, 唐建, 王舜杰. 2003. 冲绳海槽新生代构造演化讨论. 海洋石油, 23(3): 1-9.

赵省民, 王计堂, 吴必豪, 等. 2007. 高分辨率层序地层学在东海古新近系油气田地质条件预测中的应用. 海洋地质与第四纪地质, 27(4): 61-67.

赵英杰, 郭艳东. 2010. 东海陆架盆地瓯江凹陷古近系层序地层学与沉积特征研究. 海洋石油, 30(4): 15-19.

郑建京, 彭作林. 1995. 中国主要含油气盆地运动学过程与油气. 沉积学报, 13(2): 160-168.

郑建平. 1999. 中国东部地幔置换作用与中新生代岩石圈减薄. 武汉: 中国地质大学出版社.

郑求根, 周祖翼, 蔡立国, 等. 2005. 东海陆架盆地中新生代构造背景及演化. 石油与天然气地质, 26(2): 197-201.

郑月军, 黄忠贤, 刘福田, 等. 2000. 中国东部海域地壳-上地幔瑞利波速度结构的研究. 地球物理学报, 43(4): 480-487.

支家生. 1996. 台湾西部天然气地质研究新进展. 中国海上油气, (3): 153-158.

中国石油天然气总公司勘探局. 1999. 油气资源评价技术. 北京: 石油工业出版社.

钟志洪, 张建培, 孙珍, 等. 2003. 西湖凹陷黄岩区地质演化及断层对油气运聚的影响. 海洋石油, 23(增刊): 30-35.

周兵, 朱介寿. 1991. 青藏高原及邻近区域 S 波三维速度结构. 地球物理学报, 34(4): 426-441.

周琦, 陈建华, 张命桥, 等. 2007. 冷泉碳酸盐岩研究进展及成矿意义. 贵州科学, 25(增刊): 103-110.

周祖翼, 廖宗廷, 金性春, 等. 2001. 冲绳海槽-弧后背景下大陆张裂的最高阶段. 海洋地质与第四纪地质, 21(1): 51-55.

朱介寿. 2007. 欧亚大陆及边缘海岩石圈的结构特性. 地学前缘, 14(3): 1-20.

朱介寿, 曹家敏, 蔡学林, 等. 2002. 东亚及西太平洋边缘海高分辨率面波层析成像. 地球物理学报, 45(5): 646-664.

朱介寿, 曹家敏, 蔡学林, 等. 2003. 中国及邻近陆域海域地球内部三维结构及动力学研究. 地球科学进展, 18(4): 497-503.

朱介寿, 曹家敏, 蔡学林, 等. 2004. 欧亚大陆及西太平洋面波层析成像及岩石圈结构//大陆地震学与地球内部物理学研究进展. 北京: 地震出版社.

朱介寿, 蔡学林, 曹家敏, 等. 2005. 中国华南及东海地区岩石圈三维结构及演化. 北京: 地质出版社.

朱伟林, 王国纯. 2000. 中国近海前新生代油气勘探新领域探索. 地学前缘, 7(3): 215-226.

Anderson F E, Prausnitz J M. 1986. Inhibition of gas hydrates by methanol. Aiche Journal, 32(8): 1321-1333.

Brown Jr L F. 1995. Sequence stratigraphy in offshore South African Divergent Basins. AAPG Studies in Geology, 41: 184.

Cai X L, Cao J M, Liu Y C, et al. 1999. Geodynamic models of multidirectional collision-wedging uplift of the Qinghai-Tibet Plateau. Earth Science Frontiers, 6(3): 181-189.

Cai X L, Zhu J S, Cao J M, et al. 2006. 3D structure of the asthenosphere beneath China and adjacent land and sea areas and its interaction with the lithosphere. Geology in China, 33(4): 804-815.

Dallimore S R, Collett T S. 1995. Intrapermafrost gas hydrates from a deep core hole in the Mackenzie Delta, Northwest Territories, Canada. Geology, 23(6): 527.

Dickens G R, Paull C K, Wallace P. 1997. Direct measurement of in situ methane quantities in a large gas-hydrate reservoir. Nature, 385(6615): 426-428.

Dickinson W R. 1993. Basin geodynamics. Basin Research, 5(4): 195-196.

Dickinson W R. 1997. The dynamics of sedimentary basins . USGC: National Academy Press.

Edward J D. 1997. Crude oil and alternate energy production forecasts for the twenty-first century: the end of
　the Hydrocarbon era. AAPG Bulletin, 81(2): 1292-1305.

Egorov A V, Crane K, Vogt P R, *et al.* 1999. Gashydrates that outcrop on the sea floor: stability models.
　Geo-Marine Letters, 19(1-2): 68-75.

Englezos P , Bishnoi P R. 1988. Prediction of gas hydrate formation conditions in aqueous electrolyte solutions.
　Aiche Journal, 34(10): 1718-1721.

Flower M F J, Tamaki K, Hoang N. 1998. Mantle extrusion: a model for dispersed volcanism and DUPAL-like
　asthenosphere in east Asia and the western Pacific//Flower M F J, Chun S L, Lo C H, *et al.* (eds). Mantle
　Dynamics and Plate Interactions in East Asia. American Geophysical Union: 67-88.

Fukao Y, Obyashi M, Inoue H, *et al.* 1992. Subducting slabs stagnant in the mantle transition zone. Journal of
　Geophysical Research, 97(97): 4809-4299.

Galimov E M, Kvenvolden K A. 1983. Concentrations & carbon isotopic compositions of CH_4 & CO_2 in gas
　from sediments of the Blake Outer Ridge, deep sea drilling project leg 76//Sheridan R E, Gradstein F W,
　Barnard, L A, *et al.* (eds.). Initial Reports, Deep Sea Drilling Project 76. Washington: US Government
　Printing Office.

Galimov E M, Kvenvolden K A. 1985. Geochemistry of the gases in gas hydrate-bearing sediments in the
　region of the Blake Outer Ridge, Atlantic Ocean. Geochemistry International, 22(1): 106-112.

Gao D Z, Zhao J H, Bo Y L, *et al.* 2004. A profile study of gravitative-magnetic and seismic comprehensive
　survey in the East China Sea. Chinese Journal of Geophysics, 47(5): 853-861.

Gao D Z, Zhao J H, Bo Y L. 2006. A study on lithosphere 3D structures in the East China Sea & adjacent
　regions. Chinese Journal of Geology, 41(1): 10-26.

Gao Y J, Mo Z Q, Wu S Y. 2000. Studies on K-Ar geochronology and geochemistry of Mariana trough basalts.
　Marine Geology & Quaternary Geology, 20(3): 53-59.

Hall J, Wardle R J, Gower C F, *et al.* 1995. Porterozoic orogens of the northeastern Canadian Shield: new
　information from the Lithoprobe ECSOOT crustal reflection seismic survey. Revue Canadienne Des
　Sciences De La Terre, 32(8): 1119-1131.

Handa Y P , Stupin D Y. 1992. Thermodynamic properties and dissociation characteristics of methane and
　propane hydrates in 70-.ANG.-radius silica gel pores. The Journal of Physical Chemistry B, 96(21):
　8599-8603.

Hao T Y, Liu J H, Guo F, *et al.* 2004. Research on crustal structure and lithosphere property in the Okinawa
　Trough area. Chinese Journal of Geophysics, 47(3): 462-468.

Harland W B. 1982. Arctic tectonics. Geological Magazine, 119(6): 619-631.

Helgerud M B , Dvorkin J , Nur A , *et al.* 1999. Elastic-wave velocity in marine sediments with gas hydrates:
　effective medium modeling. Geophysical Research Letters, 26(13): 2021-2024.

Holder G D , Corbin G , Papadopoulos K D . 1980. Thermodynamic and Molecular Properties of Gas Hydrates
　from Mixtures Containing Methane, Argon, and Krypton. Industrial & Engineering Chemistry
　Fundamentals, 19(3): 282-286.

Hsu S K, Sibuet J C, Shyu C T. 2001. Magnetic inversion in the East China Sea and Okinawa Trough: tectonic
　implications . Tectonophysics, 333 (1): 111-122.

Hunt J M. 1990. Generation and migration of petroleum from abnormally pressured fluid compartments. AAPG
　Bulletin,74: 1-12.

Hunt J M, Whelan J K, Eglinton L B, *et al.* 1998. Relation of shale porosities, gas generation, and compaction to deep overpressures in the U. S. Gulf Coast// Law B E, Ulmishek G F, Slavin V I(eds.). Abnormal Pressures in Hydrocarbon Environments. AAPG Memoir,70: 87-104.

Inagaki F, Kuypers M M, Tsunogai U, *et al.* 2006. Microbial community in a sediment-hosted CO_2 lake of the southern Okinawa Trough hydrothermal system. Proceedings of the National Academy of Sciences, 103(38): 14164-14169.

Jin X L, Yu P Z, Li M H, *et al.* 1983. Preliminary study on the characteristics of crustal structure in the Okinawa Trough. Oceanol Limnol, 14(2): 105-116.

John V T , Papadopoulos K D , Holder G D. 2010. A generalized model for predicting equilibrium conditions for gas hydrates. Aiche Journal, 31(2): 252-259.

Khokhar A A , G udmundsson J S , Sloan E D. 1998. Gas storage in structure H hydrates. Fluid Phase Equilibria, 150/151: 383-392.

Klauda J B , Sandler S I . 2001. Modeling gas hydrate phase equilibria in laboratory and natural porous media. Industrial & Engineering Chemistry Research, 40(20): 4197-4208.

Kumar P, Turner D, Sloan E D. 2004. Thermal diffusivity measurements of porous methane hydrate and hydrate-sediment mixtures. Journal of Geophysical Research, 109(B1)：B01207.

Kvenvolden K A. 1993a. Gas hydrates-geological perspective and global change. Reviews of Geophysics, 31(2): 173-187.

Kvenvolden K A. 1993b. Worldwide distribution of subaquatic gas hydrate. Geo-Marine Letters, 13(1): 32-40.

Kvenvolden K A. 1995. A review of the geochemistry of methane in natural gas hydrate. Organic Geochemistry, 23(11-12): 997-1008.

Lein A, Vogt P, Crane K, *et al.* 1999. Chemical and isotopic evidence for the nature of the fluid in CH_4-containing sediments of the Hakonosby Mud Volcano. Geo-Marine Letters, 19: 76-83.

Liu C Q, Xie G H, Masuda A. 1995a. Geochemistry of Cenozoic Basalts from Eastern China: (II)Sr、Nd and Ce Isotopic Compositions. Geochimica , 24(3): 203-214.

Liu C Q, Xie G H, Masuda A. 1995b. Geochemistry of Cenozoic Basalts from Eastern China—I. major element and trace element compositions: petrogenesis and characteristics of mantle source. Geochimica, 24(1): 1-19.

Liu M, Cui X, Liu F. 2004. Cenozoic rifting and volcanism in eastern China: a mantle dynamic link to the Indo–Asian collision? Tectonophysics, 393(1): 29-42.

Lu F X, Zheng J P, Zhang R U, *et al.* 2005. Phanerozoic mantle secular evolution beneath eastern North China Craton. Earth Science Frontiers, 12(1): 61-67.

Majorowicz J, Osadetz K G. 2001. Gas hydrate distribution and volume in Canada. AAPG Bulletin, 85(7)：1211-1230.

Maruyama S, Isozaki Y, Kimura G, et al. 1997. Paleogeographic maps of the Japanese Islands: plate tectonic synthesis from 750 Ma to the present. Island Arc, 6(1): 121-142.

McKenzie D. 1978. Some remarks on the development of sedimentary basin. Earth and Planetary Science Letters, 48: 25-32.

Milkov A V, Sassen R. 2001. Estimate of gas hydrate resource, northwestern Gulf of Mexico continental slope. Marine Geology, 179: 71-83.

Moore J C, Vrolijk P. 1992. Fluids in accretionary prisms. Reviews of Geophysics , 30: 113-135.

Moore J C, Brown K M, Horath F, *et al.* 1991. Plumbing accretionary prisms//Tarney J, Pickering K T, Knipe R J, *et al.* (eds.). The Behavior and Influence of Fluids in Subduction Zones. London: The   Royal   Society.

Munck J , Skjold-Jrgensen S , Rasmussen P. 1988. Computations of the formation of gas hydrates. Chemical Engineering Science, 43(10): 2661-2672.

Nasrifar K , Moshfeghian M , Maddox R N. 1998. Prediction of equilibrium conditions for gas hydrate formation in the mixture of both electrolytes and alcohols. Fluid Phase Equilibria, 146(1): 1-13.

Nealson K. 2006. Lakes of liquid CO_2 in the deep sea. Proceedings of the National Academy of Sciences of the United States of America, 103(38): 13903-13904.

Nixdorf J, Oellrich L R. 1997. Experimental determination of hydrate equilibrium conditions for pure gases, binary and ternary mixtures and natural gases. Fluid Phase Equilibria, 139(1): 325-333.

Parrish W R, Prausnitz J M. 1972. Dissociation pressures of gas hydrates formed by gas mixtures. Industrial & Engineering Chemistry Process Design and Development, 11(1): 26-35.

Pauling L, Marsh R E. 1952. The structure of chlorine hydrate. Proceedings of the National Academy of Sciences, 38(2): 112-118.

Pearson C F, Halleck P M, Mcguire P L, et al. 1983. Natural gas hydrate deposits: a review of in situ properties. The Journal of Physical Chemistry, 87(21): 4180-4185.

Ren J Y, Tamaki K, Li S T, et al. 2002. Late Mesozoic and Cenozoic rifting and its dynamic setting in Eastern China and adjacent areas. Tectonophysics, (344): 175-205.

Saito Y, Katayama H, Ikehara K, et al. 1998. Transgressive and highstand systems tracts and post-glacial transgression, the East China Sea . Sedimentary Geology, 122(1-4): 217-232.

Satoh M. 2003. 南海海槽等海域天然气水合物资源评价. 宋海斌译. 天然气地球科学, 14(6): 512-513.

Sergeyev K F. 1985. Basic structural features and probable mechanism of formation of the Kuril Island system. Acta pharmacologica, 9(2): 126-128.

Sloan E D. 1990. Clathrate hydrate of natural gas. New York: Marcel Dek-ker Inc.

Sloan E D. 2003. Clathrate hydrate measurements: microscopic, mesoscopic, and macroscopic. Journal of Chemical Thermodynamics, 35(1): 41-53.

Song Z H, Chen G Y, An C Q, et al. 1993. The 3-D structure of crust and mantle in continental hina and adjacent seas. Science in China: Series B, 23(2): 180-188.

Suji Y, Furutani A, Matsuura S, et al. 1998. Exploratory surveys for evaluation of methane hydrates in the Nankai Trough area, offshore central Japan. Methanehydrates: Resources in the near future, JNOC TRC, 15-25.

Suo Y H, Li S Z, Zhao S J, et al. 2015. Continental margin basins in East Asia: tectonic implications of the Meso-Cenozoic East China Sea pull-apart basins. Geological Journal, 50(2): 139-156.

Tamaki K, Honza E. 1991. Global tectonics and formation of marginal basins: role of the western Pacific. Episodes, 14(3): 224-230.

Thamban M, Rao V P, Raju S V. 1997. Controls on organic carbon distribution in sediments from the eastern Arabian Sea Margin. Geo-Marine Letters, 17: 220-227.

Toksöz M N, Bird P. 1977. Modelling of temperature in continental convergence zones. Tectonophysics, 41(1-3): 181-193.

Trofimuk A A, Chersky N V, Tsaryov V P. 1977. Chapter 52-the role of continental glaciation and hydrate formation on petroleum occurrence. The Future Supply of Nature-Made Petroleum and Gas, 919-926.

Van Wagoner J C. 1990. Siliciclastic sequence stratigraphy in well logs, cores and outcrops: concepts for high resolution correlation of time and facies. AAPG Methods in Exploration, (7): 55.

Vital H, Stattegger K, Posewang J, et al. 1998. Lowermost Amazon River: morphology and shallow seismic characteristics. Marine Geology, 152(4): 277-294.

von Stackelberg M. 1949. Feste gashydrate. Naturwissenschaften, 36(12): 359-362.

Wernicke B. 1981. Low angle normal faults in the basin and range province: nappe tectonics in an extending orogeny. Nature, 291: 645-647.

Wilder J W, Seshadri K, Smith D H. 2001. Modeling hydrate formation in media with broad pore size distributions. Langmuir, 17(21): 6729-6735.

Wu F Y, Lin J Q, Wilde S A, et al. 2005. Nature and significance of the Early Cretaceou giant igneous event in eastern China. Earth and Planetary Science Letters, (233): 103-119.

Xu G M, Li G P, Wang S E, et al. 2000. The 3-D structure of shear waves in the crust and mantle of east continental China inverted by Rayleigh wave data . Chinese Journal of Geophysics, 43(3): 366-375.

Xu Y, Liu F T, Liu J H, et al. 2006. P wave velocity structure and tectonics analysis of lithospheric mantle in eastern China seas and adjacent regions. Chinese Journal of Geophysics, 49(4): 1053-1061.

Xu Z Q, Yang J S, Jiang M, et al. 1999. Continental subduction and uplifting of the orogenic belts at the margin of the Qinghai-Tibet Plateau. Earth Science Frontiers, 6(3): 139-151.

Yang S, Hu B, Cai D, et al. 2004. Present-day heat flow, thermal hestory and tectonic subsidence of the East China Sea Basin . Marine and Petroleum Geology, 21(9): 1095-1105.

Yoo G D, Lee C W, Kim S P, et al. 2002. Late Quaternary transgressive and highstand systems tracts in the northern East China Sea mid-shelf . Marine Geology, 187(s3-4): 313-328.

Zatsepina O Y, Buffett B A. 1997. Phase equilibrium of gashydrate: implications for the formation of hydrate in the deep sea floor. Geophysical Research Letters, 24(13): 1567-1570.

Zhao J H. 2004. The forming factors and evolvement of the Mesozoicand Cenozoic Basin in the East China Sea. Offshore Oil, 24(4): 6-14.

Zhao J H, Tang J, Wang S J. 2003. Structural evolution of Cenozoic of the Okinawa Trough. Offshore Oil, 24(3): 1-9.

Zheng Y J, Huang Z X, Liu F T, et al. 2000. Rayleigh wave velocity and structure of the crust and upper mantle beneath the seas in eastern China. Chinese Journal of Geophysics, 43(4): 480-487.

Zhou B, Zhu J S, Qin J Y. 1991. Three dimensional shear velocity structure beneath Qinghai-Tibet and its adjacent area. Chinese J Geophys, 34(4): 426-441.

Zhou Z Y, Liao Z T, Jin X C, et al. 2001. Okinawa trough: the highest stage of continental tension rifting in back-arc setting. Marine Geology and Quaternary Geology, 21(1): 51-55.

Zhu J S. 2007. The structural characteristics of lithosphere in the continent of Eurasia and its marginal seas. Earth Science Frontiers, 14(3): 1-20.

Zhu J S, Cao J M, Cai X L, et al. 2002. High resolution surface wave tomography in east Asia and west Pacific marginal sea. Chinese J Geophys, 45(5): 679-698.

Zhu J S, Cao J M, Cai X L, et al. 2003. Study for three-dimensional structure of earth interior and geodynamics in China and adjacent land and sea regions. Advances in Earth Science, 18(4): 497-503.

А. Ю. Леин. 2006. 产自黑海和挪威海的冷甲烷渗透流. 朱佛宏编译. 海洋地质动态, 22 (9) : 25-26+36.

后　记

　　37 年前，七五伊始，我成为中国海洋油气地质勘探和资源评价事业新成员。初生牛犊不怕虎，把目标聚焦东海。相信"No Basin, No Oil"的理论（Perrodon A, 1983）；直觉东海长江口外发育形成的古长江三角洲沉积体系，是最好的形成大油气田储层体系。后来，真在地震剖面解释中发现，于 1989 年编绘东海新生代沉积相图时，才发现它们都位于远岸的长江拗陷和西湖拗陷西斜坡。直到 1995 年终于在东海发现大春晓油气田。我开始转移注意力到西湖-基隆拗陷，研究春晓大油气田形成特征和机制，提出了地球动力学、盆地动力学和成藏动力学的理论，它们或成为实现新发现、新突破的关键。特别是在西湖拗陷新生代沉积中心，那里发育最大厚度逾 1.2 万米的三潭深洼和致密砂泥岩和页岩，迄今钻井揭露 5 千米，其下覆一多半深层无疑赋存巨大潜力，很可能是大型气田（包括页岩气田）有利赋存区带。鞍部地区南部基隆拗陷的最大沉积厚度与西湖拗陷相当，二者区别在西部，基隆拗陷虽然缺乏西湖拗陷西斜坡那样的地貌构造单元和沉积体系，但是它的烃源系统不差，迄今竟还是油气探井的空白。

　　此过程中，我参加、承担了多个国家攻关、国家专项、863、国土资源地质大调查、中石化勘探开发研究院与地质矿产部石油地质海洋地质局等相关项目，完成了系列油气地质调查研究任务。一路走来，稚气慢慢褪去，仍然执着追求资料细节，计算、评价追求极致；时有难眠的纠结，丝毫不感觉艰难却时感内疚。

　　事实上，春晓一井的发现一波三折，因为它位于面积相对较小、高点相对更低断背斜的下降盘，佩服当年地质矿产部石油地质海洋地质局总师力排众议的决策，获得发现委实不易，再次证实"宰相必出于州郡"、总师必出于石油地质勘探专业。日产 160 万方气和 200 吨凝析油的油气井，是一个实实在在的大金娃娃，属于国际一流的重大发现与突破。紧接着是后续钻探的春晓二井，曾因位于断背斜主高点被寄予厚望，但结果却颗粒未收！在石油勘探业界，此类与预测相悖、探井落空现象虽实属正常，但对如何总结春晓勘探成功的经验及实现下一步再发现的问题，竟有黔驴技穷之感。这左右了我的博士论文选择，同时得到恩师李思田教授、赵金海总师和蔡乾忠研究员的指导支持。事实上，位于大春晓油气田群周缘数千平方千米范围内，曾经解释圈定了六个构造层，其中赋存百余个火山喷出形成的构造，至今我仍然认为它们有希望，或值得进一步去探究甚至实施钻探。

　　东海盆地最早的油气勘探始于 1887 年晚清政府年代，在台西盆地发现逾百个油气田，但都产能很小、产量很低。百余年过去了，今天的中国海洋石油勘探开发日新月异、进步神速、欣欣向荣，但是，在台西盆地海峡中线西部，仅有台湾"中油"公司探井部署钻探在九龙江凹陷。这些，或与东海三大盆地资评结果差距不止一个数量级，台西盆地规模虽小，但是，推动新的勘探发现，以东海盆地地质和地球动力学、盆地动力学，油气-天然气水合物成藏动力学的理论为牵引，是来自大春晓油气田群发现的启示，也可引领新区勘探发现，实为抛砖引玉。

　　本书第 1 章是东海油气勘探历史,以上海海洋石油局合作者为主撰写;第 2 章为盆地地质,是其中基础;第 3 章是地球动力学特征相关内容;第 4 章是盆地动力学特征相关内容;第 5 章包括盆地内储油层系大型砂体展布、沉积特征和模型模式,是最新资料与勘探发现基础研究成果;第 6-8 章为大春晓油气田成因-成藏动力学;第 9 章冲绳海槽盆地天然气水合物成藏动力学,重点简介了东海天然气水合物资源调查评价研究起步阶段工作。需要重点指出的是东海天然气水合物的工作。从开始至今已逾 20 年,通过解析美国在西太平洋边缘海北端针对阿留申-鲍尔斯盆地天然气水合物资源调查评价工作的特征与技术,翻译分析 ODP195 航次站位 982 页报告、逾百篇 SCI 文章与会议报告以及中国科学家代表团出访德国获得的资料,才划分出各国天然气水合物资源调查、实验室测试分析模拟与资源估算评价工作为:1980 年以前“推测性”阶段;1980—1995 年“底限值”阶段;1995 年以来“确定性”阶段三个阶段。海量资料、全新的专业技术、理论和实际工作,使接踵而至的天然气水合物地质大调查项目研究和早期实践少走弯路,包括天然气水合物资源评价、二维地震资料系统特殊处理的实践,实际推进了我国系列针对天然气水合物资源调查评价实施的海洋 863 深海调查紧缺装备研发和研制。过程中,设计了深海天然气水合物样品保压保温取芯器,联合 719 所与清华大学研制、获得了天然气水合物保压保温取芯器第一个国家实用新型专利。但在当时,那台取芯器竟然不能搭载在我国任何一条海洋科学调查船上完成海试,反映当年国家整体船舶装备落后的现状,这是事实,也是作者亲历经历……一个真实而苍白的故事。

　　因为水深限制,中国北部海域只有东海冲绳海槽盆地赋存天然气水合物。这从一开始就左右了我的目标,探索研究首选阻碍冲绳海槽盆地天然气水合物成藏的动力学条件,针对它高热流、高地温梯度、强烈火山喷发作用与黑潮活动等动力学,完成理论研究。系统的早期研究工作主要集中在天然气水合物成藏物理化学状态平衡编程与数值模拟和地球物理资料采集及其特殊处理(原频谱资料主频 3OHz,处理后提高到 50Hz;原频宽 5—45Hz,处理后拓宽为 5—60Hz)。发现 BSR 上下的确速度倒转异常、地震速度的确高速异常、地震振幅极性的确反转异常、BSR 之下 AVO 正异常,低吸收系数剖面异常和烃类检测亮点异常,评价天然气水合物赋存有利区带。这两项研究完成于 1998—2000 年,在国内属于首次也属于重大成果。

　　冲绳海槽盆地特定区域天然气水合物赋存水深、稳定带厚度数值模拟及评价预测的目标及关键在于确定了赋存区带、深度厚度;同时,解决了气-液-固三相物理化学状态平衡等成藏动力学理论及相关实践的系列问题,编制了我国第一条天然气水合物物理化学状态平衡曲线,系列成果申报国土资源科学技术二等奖,感谢同行认可,竟然被评为一等奖进京答辩,其开拓创新、满足勘探实际与评价的实事求是是最大亮点。

　　本书内容洋洋洒洒,资料珍贵,能够公开出版可喜可贺,特别不易。基础数据成果、主要资料与多数文字成稿于 2002 年以前,成书初衷在 2006 年,成果获得奖励在 2007 年,整体部分定稿于 2016 年;最新删减夯实补充于 2018 年。过程中的难点在两大部分:大春晓油气田区域、东海陆坡亦即冲绳海槽盆地,即钓鱼岛以东海域,这些数据、资料脱密历时四年,终于走到今天,这是一种清如水、明如镜且没有任何报酬的探索,却成就了今天我对取之有道的坚守。

感恩母校，校训不敢忘记：成就于工，穷究于理；海纳百川，取则行远；艰苦朴素，求真务实。感恩我的导师贝丰教授、王桥先教授、李思田教授、赵金海总工程师、蔡乾忠研究员。20年前，随李思田教授至上海，与赵金海总工程师一起解释海洋一期863双船折射大剖面、地质-地球物理信息的难忘情景历历在目：我们都津津有味在细细品味细节，从琉球海沟直达东海陆架盆地再抵中国大陆，每一个深部地球物理信息与地震反射波组，特别是莫霍面特征、延伸与变化、深度长度与位置敲定，那追求完美、追求极致的努力和执着的探索，乃兴趣使然。为师者背影亮丽，争论出语睿智精彩，不辞辛劳零报酬，这是一种崇高的付出与身体力行。这些完全融入我今天的工作，难能可贵。

感谢以下项目的资助：126-03-13-02、118专项、GZH2008O0504，特别是国土资源地质大调查20001100022033项目，国家自然科学基金41672110。感谢合作教授们，数十年携手同行，共同探索发现。感谢吴能友所长和同志们的大力支持，尽管过程艰辛，四年程序性工作后终得公开出版。最后特别感谢我的爱人蔡瑛女士，不但在我读博期间承担了项目海量数据验算工作，而且一如既往默默奉献，这是我最大的幸运与幸福。